L'ABEILLE
ITALIENNE

MOYENS DE SE LA PROCURER

DE FAIRE ACCEPTER LES MÈRES, DE LES MULTIPLIER, ETC.

PAR

M. Aug. MONA

Apiculteur à Bellinzona (Suisse-italienne)

AVEC UNE INTRODUCTION DE M. H. HAMET

PARIS

AUX BUREAUX DE L'*APICULTEUR*

59, RUE MONGE, 59

1876

L'ABEILLE

ITALIENNE

MOYENS DE SE LA PROCURER

DE FAIRE ACCEPTER LES MÈRES, DE LES MULTIPLIER, ETC

PAR

M. Aug. MONA

Apiculteur à Bellinzona (Suisse-italienne)

AVEC UNE INTRODUCTION DE M. H. HAMET

sur l'amélioration de la race indigène par la sélection et par
le mariage avec une race étrangère de bonne provenance.

PARIS

AUX BUREAUX DE L'*APICULTEUR*

59, RUE MONGE, 59

1876

INTRODUCTION

Considérations sur l'amélioration des races d'abeilles.

L'Abeille est, comme les autres animaux domestiques, susceptible d'amélioration : 1° par la sélection (choix des reproducteurs); 2° par le croisement de races; avec cette différence, toutefois, que chez l'Abeille, il n'est pas aussi facile que chez les animaux qu'on accouple à volonté, d'obtenir un résultat certain et constant; car, en prenant toutes les précautions possibles, on n'arrive pas toujours à faire accoupler les abeilles comme on le désire, l'accouplement ayant lieu dans l'air où, par fois, une jeune femelle dont on veut maintenir ou améliorer la race fait la rencontre d'un mâle appartenant à un rucher voisin dont la race n'a pas les qualités désirables.

Pour améliorer la race d'abeilles par la sélection, il faut s'appliquer à faire un choix de colonies actives et à les éloigner pour obtenir des unions entre elles. Les praticiens savent que dans un rucher, surtout dans un rucher nombreux — cela se constate facilement dans les apiers garnis de colonies de provenances diverses — des ruchées, des familles d'abeilles se distinguent par leur activité plus grande, soit comme multiplication — essaimage précoce et abondant, soit comme amas plus grand de produits — poids plus élevé à la fin de la campagne. Il faut faire un triage de ces colonies et éliminer les autres, celles qui ne sont pas actives, en sacrifiant la mère de celles-ci et en réunissant leurs abeilles aux colonies actives, ou bien en éloignant de cinq ou six kilomètres au moins les colonies qui n'ont pas toute l'activité désirable. Il faut également que le groupe de colonies choisies soit éloigné au moins de cinq ou six kilomètres de tout rucher voisin. Puis, successivement, il faut éliminer du rucher soumis à cette sorte de sélection, les colonies qui ne présentent pas suffisamment les caractères recherchés — hâtiveté et activité.

Il est deux moyens de provoquer le développement du couvain au commencement de l'année et, par conséquent, de hâter l'essaimage ; l'un consiste à présenter aux colonies un peu de nourriture *chaude* (sirop de sucre, ou miel étendu d'un peu de lait doux) et à placer des farines de légumineuses (haricots, fèves, etc.) près du rucher, lorsque les fleurs à pollen ne sont pas encore épanouies, ou qu'elles sont trop éloignées des ruchers ; l'autre consiste à pratiquer une sorte de transport des colonies bien pourvues au début des fleurs. Un matin on entoile les ruches, on les charge sur une voiture, et on les promène une heure ou deux ; puis on les replace au rucher. On peut, à quinze jours d'intervalle, recommencer cette opération qui donne du mouvement aux abeilles et provoque la mère à la ponte, d'abord des œufs d'ouvrières en grand nombre, puis des œufs de mâles. On obtient ainsi une avance de 10-15 ou 20 jours sur les ruches de même valeur qui n'ont pas été stimulées ; et l'essaimage en est avancé d'autant. On peut le hâter en opérant artificiellement. Les fécondations sont alors faites avant la sortie des faux bourdons des ruches qui n'ont pas été stimulées.

L'introduction des races étrangères, qui donne lieu à des croisement ou métissage, est aussi un puissant moyen d'améliorer l'espèce indigène. On sait que les races exotiques (animales comme végétales) qui ne proviennent pas d'un climat extrême, ont une tendance très-grande à s'acclimater là où elles sont transportées ; dans ce but elles développent beaucoup d'activité, manifestent une grande propension à se multiplier. Mais en vertu de la loi imposée par le climat ; elles sont bientôt absorbées par la race indigène avec laquelle elles se marient, à moins qu'on ne continue les croisements en apportant successivement des types étrangers.

Parmi les abeilles étrangères qui peuvent améliorer le plus avantageusement notre abeille indigène, il faut placer en première ligne la race alpine (abeille jaune italienne, abeille ligurienne) qui habite la Suisse-italienne et l'Italie, et la race carniolienne qui habite la Carniole (Autriche) ; deux races différentes qui se trouvent sous des climats se rapprochant du nôtre, du climat moyen de la France.

La race Alpine est celle qui offre le plus d'intérêt et qui est le plus à la portée des apiculteurs français, parce qu'ils peuvent se la procurer facilement à bas prix (1). Au lieu de faire venir des colonies entières de la Suisse-alpine, ou de l'Italie, on peut demander, à M. Mona, des mères fécondées, qui arrivent sans encombre et à peu de frais, et donner ces mères à des colonies indigènes dont on a enlevé la leur.

On trouvera dans le volume, l'*Abeille italienne* que nous éditons, les instructions nécessaires pour faire accepter ces mères, ainsi que pour multiplier l'espèce, la conserver pure et en tirer de beaux produits.

Ces instructions ont paru dans l'*Apiculteur* (2), en une suite d'articles dont le premier remonte à 1873. Nous n'avons presque rien changé au texte primitif, qui renferme quelques expressions que le lecteur tolérera facilement, sachant que l'auteur est plus Italien que Français. Seulement nous avons remplacé le mot *reine* par celui de *mère* qui est plus exact, et quoique au congrès apicole allemand on en ait délibéré autrement.

(1) Voir l'*Apiculteur*, 18e, 19e et 20e années, sur l'amélioration par les races étrangères.

(2) L'*Apiculteur*, journal des cultivateurs d'abeilles, bureaux rue Monge, 59, à Paris, paraît depuis 1856. Abonnement, 6 fr. par an.

Mais, ceux qui demanderont des *mères* ou des *reines* italiennes à M. Mona auront également lieu d'être satisfaits.

H. HAMET.

Paris, mai 1876.

L'ABEILLE ITALIENNE.

Bellinzona, le 21 mai 1873.

MONSIEUR LE RÉDACTEUR DE *l'Apiculteur*,

L'Abeille italienne, qui s'est acquis une réputation universelle, est devenue depuis quelques années l'objet d'actives recherches en France, comme elle l'est depuis longtemps pour la Suisse transalpine, l'Allemagne, l'Angleterre, les Etats-Unis d'Amérique, etc. C'est avec plaisir que je constate l'intérêt toujours plus vif des apiculteurs français pour l'abeille jaune, car il confirme les éloges que vos abonnés se rappellent d'en avoir lu de temps à autre dans votre journal, et il prouve que l'apiculture dans votre pays veut progresser à tout prix.

La supériorité de notre abeille est incontestable, car — indépendamment de sa belle couleur bigarrée, qui plaît beaucoup plus que le gris sombre et monotone de l'espèce commune; indépendamment de son caractère plus doux, qui la rend moins irritable et par conséquent plus facile à manier — il est reconnu par les praticiens de tous les pays, que *l'abeille italienne est plus féconde, plus laborieuse et plus productive* que l'autre espèce.

Cependant les avantages de cette espèce, de même que ceux de la meilleure ruche, dépendent en grande partie de la manière de la gouverner. C'est pourquoi — voulant contribuer autant que possible à ce que l'abeille cisalpine puisse bien répondre aux justes attentes des apiculteurs français et justifier, par son succès, la réputation dont elle jouit — je viens offrir à vos lecteurs, par une série d'articles consécutifs, quelques notions sur l'abeille italienne, ses prérogatives, le moyen de l'introduire, la gouverner rationnellement, la multiplier à peu de frais et en conserver la race pure.

En livrant à la publicité ces renseignements, je me propose de rendre un service aux amateurs de l'abeille jaune et alléger ma tâche, qui est de répondre aux questions qui me sont si souvent adressées sur cette matière ; ce qui, par lettre, n'est pas toujours possible (1) ou ne peut se faire que d'une manière trop incomplète.

Que l'on me permette de ne pas entrer dans les détails pratiques déjà assez connus, et de n'invoquer que rarement la théorie (histoire naturelle de l'abeille) à l'appui de mes instructions. Je ne me propose point d'écrire un traité d'apiculture. Je pense d'ailleurs que mon enseignement n'est pas destiné

____

(1) Je saisis l'occasion pour prier ceux de mes correspondants, dont les lettres sont restées sans réponses, de vouloir être assez bons pour pardonner à mon insuffisance. Accablé d'occupation et ne jouissant que d'une santé fort

à la masse ignorante, qui ne se soucie pas plus de l'abeille italienne en particulier que des progrès apicoles en général, mais uniquement à l'apiculteur *instruit* et *progressiste*. Pour celui-ci il y a des journaux et des traités complets (tant nationaux qu'étrangers) d'apiculture, qu'il n'a qu'à consulter pour avoir tous les renseignements qu'il peut désirer quant à la théorie, ainsi que tous les détails pratiques que j'aurai dû omettre.

1ʳᵉ PARTIE.

C'est en 1843 que la première famille d'abeilles italiennes a franchi les Alpes. Elle a été introduite en Allemagne par M. de Baldenstein. La circonstance que ces premières abeilles jaunes provenaient de la Ligurie (Piémont), où M. de Baldenstein avait séjourné pendant plusieurs années, fit donner à la nouvelle espèce le nom d'abeille *ligurienne*, qui est aussi impropre que celui *d'abeille jaune des Alpes*, dont elle a été baptisée plus tard par M. H. Hermann. La seule dénomination qui convient à cette nouvelle race est celle *d'abeille italienne*. Sa patrie exclusive est l'Italie, y compris la Suisse italienne, qui — bien que faisant partie de la Suisse transalpine sous

précaire, je me trouve quelquefois dans la fâcheuse impossibilité de répondre aux lettres qui me sont adressées. Prière à toutes les personnes, qui sont dans ce cas, de vouloir croire à ma bonne volonté ainsi qu'à mon regret de ne pouvoir leur écrire quand et comme je le voudrais.

le rapport politique, par sa position géographique, son climat doux et ses productions végétales et animales, ainsi que par la langue que l'on y parle, — n'est qu'une continuation de la belle péninsule italienne.

II. ACCLIMATATION.

L'abeille italienne s'acclimate dans tous les pays. On la voit prospérer en Amérique aussi bien qu'en Europe, au nord comme au sud. Les habitants des montagnes de la Suisse italienne hivernent leurs abeilles jusqu'à 4,000 — 4,500 pieds de hauteur, où les pauvres insectes n'ont pendant toute l'année que quatre mois environ pour faire leur récolte. Quelques-uns de ces apiculteurs montagnards transportent leurs colonies en été sur les Alpes (à une hauteur, de 5,000 — 6,000 pieds) pour y recueillir sur le rhododendron, le thym, le serpolet et d'autres fleurs aromatiques, ce miel surfin qui est si recherché et fort bien payé pour les tables de luxe (1).

III. CONSERVATION DE LA RACE.

La dégénérescence de l'espèce, en deçà des Alpes, n'est pas possible, parce que *l'abeille jaune est la seule connue dans toute la péninsule, et qu'elle y est tout à fait à l'abri de tout mélange avec d'autres races,*

(1) Il se vend ordinairement en boîtes de la capacité d'un kilogramme, à quatre et même à cinq francs la boîte.

grâce à la position isolée du pays qui est environné d'un côté par la mer et de l'autre par la chaîne colossale et glaciale des Hautes-Alpes, formant entre le midi et le nord une barrière de séparation absolument insurmontable pour l'abeille (1).

L'abeille italienne dégénère-t-elle en changeant

(1) Ayant eu l'occasion de parcourir l'Italie jusqu'à son extrémité méridionale, je puis attester que j'ai rencontré — partout invariablement — l'abeille jaune *pure*, car je ne crois pas qu'on doive tenir compte de quelques nuances, à peine perceptibles, que l'observateur peut reconnaître entre une famille d'abeilles et une autre. Ces nuances légères, qui sont propres à toutes les provinces italiennes et paraissent dans tous les ruchers, sont loin de constituer une nouvelle espèce ou une dégénérescence de la véritable race italienne. Tout en rendant cet hommage à la pureté de la race de l'Italie méridionale (quoi qu'en disent au contraire des écrivains mal informés, sinon de mauvaise foi), je ne puis m'empêcher de protester au nom de la vérité, contre la prétention ridicule de mainte localité de la Haute-Italie de posséder *exclusivement* l'abeille jaune *dans toute sa pureté*. Ce qui est certain, c'est que l'abeille de la Suisse italienne est au moins aussi bonne et aussi pure que dans le reste de l'Italie. Si je dis « *au moins* » c'est à l'appui de grand nombre d'apiculteurs étrangers (certes non suspects de partialité) qui trouvent même que les meilleures abeilles italiennes viennent du *Canton du Tessin*. Il suffit à ce propos, de citer, pour l'Europe la décision unanime du 13ᵉ congrès général des apiculteurs allemands à Gotha en sept. 1864, et pour l'Amérique le témoignage de plusieurs apiculteurs distingués. (V. p. 377 du *Journal des Fermes*, 1869.) — Ce journal a cessé de paraître.

de climat et de nourriture, ou perd-elle les avantages qui lui sont propres? L'expérience de tous les pays prouve décidément le contraire. Une dégénérescence n'est pas à craindre, parce que *la mère, une fois fécondée, l'est pour toute sa vie;* par conséquent *sa progéniture est constamment de la race jaune pur sang.*

Si la jeune femelle développée, naissant d'une mère italienne s'accouple avec un bourdon de son espèce, sa progéniture sera tout aussi pure que celle de la mère; si, au contraire, elle est fécondée par un bourdon de l'autre espèce, cet accouplement croisé donne lieu à une nouvelle génération métisse qui présente le plus souvent les marques distinctives des deux races (1).

Le moyen le plus sûr pour empêcher l'abâtardissement de la race, c'est d'isoler les abeilles italiennes en les plaçant à deux ou trois kilomètres de toute ruchée d'abeilles indigènes. Mais tous les apiculteurs ne se trouvant pas en position d'effectuer l'isolement de leurs abeilles, on a cherché et trouvé

(1) Ce ne sont que les ouvrières qui dégénèrent. Les bourdons conservent invariablement les caractères de leur origine : ce qui est parfaitement en harmonie avec le fameux dogme de la parthénogénèse, qui établit que l'accouplement de la femelle avec un mâle de n'importe quelle espèce n'exerce chez l'abeille, aucune influence sur la descendance masculine, qui est simplement un produit de la virginité et non le résultat de la fécondation de la mère.

le moyen de garantir l'accouplement d'une jeune femelle avec des bourdons italiens, même lorsqu'il y a dans le voisinage un grand nombre de ruchées de l'espèce commune. Le secret, qui est tout à fait simple, consiste à provoquer des sorties de bourdons italiens et de jeunes femelles à une époque de l'année, ou à une heure de la journée, où les mâles de l'autre espèce ne sortent pas encore ou bien sont déjà rentrés. Je vais indiquer comment on peut opérer.

Sitôt qu'une jeune femelle s'approche de l'âge nuptial (cinq ou six jours après son éclosion), on emporte la ruche dans une cave ou autre pièce parfaitement obscure, et on l'y laisse pendant deux ou trois jours, au bout desquels on la reporte au rucher, ce qui a lieu le soir. Le lendemain, de bonne heure, on administre de bon miel, allongé avec de l'eau tiède, tant à la colonie revenue de la cave qu'à celles possédant de faux-bourdons italiens. Ce nourrissement artificiel échauffe les abeilles et détermine de part et d'autre des sorties joyeuses, *une ou deux heures avant l'apparition des bourdons indigènes.* Si la fécondation de la jeune femelle s'accomplit, ce qui a lieu le plus souvent, pendant ces excursions matinales, la race italienne se conserve dans toute sa pureté, même au milieu de centaines de ruches d'abeilles de l'autre espèce.

Vous possédez, en mars, une ou plusieurs ruchées italiennes, venant de traverser plus ou moins heureusement l'hiver. Eh bien, provoquez artificielle-

ment une génération *abondante et précoce* de bourdons
italiens, destinés à féconder les jeunes femelles italiennes que vous allez créer vers le commencement
de mai ou même déjà en avril, si la saison et la nature du pays le permettent. L'essentiel, c'est que la
mère italienne soit jeune et robuste (de l'année pré-
cédente). Quant à la famille, si elle n'est pas bien
populeuse, il faut la fortifier artificiellement (1). Je
suppose, bien entendu, que la colonie possède du
couvain de tout âge, assez de miel et de pollen, et des
rayons vides, dont un bon nombre à cellules de
mâles, précisément *au centre* de la ruche. Les choses
ainsi prédisposées, il ne reste qu'à administrer à la
colonie —*chaque soir* jusqu'à l'arrivée de la miellée —
quelques cuillerées de bon miel allongé d'eau tiède,
et tenir la ruche bien *chaude* et bien *aérée* (non l'un
sans l'autre). Vous allez avoir pour résultat l'apparition d'un grand nombre de bourdons italiens à une
époque où les mâles des ruchées indigènes sont encore bien rares. Toute femelle arrivant dans ce moment à l'âge nuptial, aura beaucoup de chance d'être
fécondée par un bourdon italien.

(1) Si c'est une ruche à rayons fixes, on peut la fortifier
en transportant à quelque distance la ruche voisine, dont
les ouvrières adultes (n'importe de quelle espèce) revenant
à leur ancienne demeure finiront par entrer dans la ruche
italienne, que l'on aura soin d'approcher un peu de la
place laissée vide par la ruche déplacée.

IV. NATURE ET AVANTAGES.

L'abeille italienne se distingue de l'abeille commune (transalpine) par son bourdonnement plus doux
et ses allures plus vives. Elle s'en distingue aussi
par sa forme plus svelte et surtout par sa couleur qui
est, sans comparaison, plus jolie.

Elle a les anneaux supérieurs de l'abdomen colorés
en jaune-orange; le reste du corps est couvert de
poils gris jaunâtre. L'extrémité de l'abdomen est
noire (1). Plus l'abeille est jeune, plus sa couleur

(1) Dans ma longue carrière apicole il m'est arrivé plus
d'une fois de recevoir à ce propos des plaintes infondées
de la part de maint apiculteur mal informé, qui aurait
prétendu recevoir des abeilles entièrement jaunes. — Il
y eut par exemple un Anglais qui m'écrivit, me demandan
une douzaine de mères, mais à la condition, disait-il,
qu'elles fussent de race parfaitement pure, c'est-à-dire
entièrement jaunes, l'extrémité de l'abdomen comprise. Je
répondis à mon honorable correspondant que j'étais bien
fâché de ne pouvoir le servir, les abeilles tessinoises manquant de la qualité qu'il prescrivait comme condition *sine
qua non*; je lui fis observer qu'il prétendait l'impossible,
c'est-à-dire ce qui n'existait nulle part, et je finis par lui
faire l'offre de 100 francs par mère s'il pouvait m'en procurer
quelques exemplaires n'ayant aucune trace de noir. Il paraît
que notre Anglais s'est persuadé de son erreur, puisqu'il
s'est contenté, ensuite, de mes abeilles italiennes telles que
je les lui envoyais, c'est-à-lire telles qu'elles doivent être,
ni plus ni moins.

jaune est claire. Dans la vieillesse, elle devient un peu foncée, mais les signes caractéristiques restent toujours assez saillants pour qu'on puisse distinguer à l'instant les deux races.

Des abeilles venant de subir une longue réclusion — surtout par une température fort élevée — n'ont plus cette fraîcheur qu'elles avaient, quelques jours avant, sur le rucher natal. Que cela n'inspire aucune inquiétude. La nouvelle génération va attester de la sûreté de la race (1).

La taille de l'abeille ouvrière est à peu près celle de l'ouvrière commune, mais le faux-bourdon italien est un peu plus fort que celui de l'autre espèce.

L'abeille italienne a rendu un grand service à la science apicole, qui lui est redevable de plusieurs découvertes des plus intéressantes. « Ce n'est que moyennant l'introduction de cette nouvelle race (au-delà des Alpes) qu'on a pu se faire une idée exacte des mœurs des abeilles en général, et qu'on a éclairci bien des points qui avaient été jusqu'ici des mystères (2).

(1) De simples mères, accompagnées d'une centaine d'abeilles peuvent voyager en toute saison, excepté l'hiver ; mais l'envoi des essaims *par les grandes chaleurs* est un peu hasardé. C'est pourquoi ceux-ci ne figurent dans mon prix courant que pendant la saison printanière (avril et première moitié de mai) et l'arrière-saison.

(2) H. C. Hermann, 1860. *L'abeille italienne des Alpes* : brochure de 40 pages imprimée à Coire (Suisse).

Grâce à sa couleur jaune, il a été possible de constater la *durée de la vie des abeilles*. « L'intro-
» duction de l'abeille italienne, dit Kleine, nous
» a donné des renseignements certains sur la mor-
» talité énorme des ouvrières, surtout à l'époque de
» la miellée. Si vous donnez, vers le milieu de mai,
» une mère italienne, pur sang, à une ruchée in-
» digène forte de 20-30,000 abeilles, vous n'y aperce-
« vrez, vers la fin de juin ou commencement de juil-
» let, que bien peu d'abeilles grises, le reste de la
» population étant remplacé par des abeilles jaunes.
» Personne n'aurait jamais cru à une pareille cadu-
» cité de l'abeille à l'époque de son activité (1). »

C'est moyennant les abeilles italiennes qu'il a été établi que les faux-bourdons naissant d'un croise-
ment des races — par exemple de l'accouplement d'un faux-bourdon de l'espèce noire avec une mère jaune — ne deviennent point des métis (bâtards), mais se maintiennent, toujours, constamment purs,

(1) « Quand on a fait accepter une mère italienne à une
» ruchée d'abeilles indigènes, celle-ci peut être regardée
» comme italianisée, de la même manière qu'un sauvageon
» est considéré comme ennobli dès qu'il a accepté le
» bourgeon qui lui a été inséré. De même que l'arbre
» pousse dorénavant un nouveau feuillage et porte d'autres
» fruits, une ruchée italianisée produit une génération
» d'une autre couleur et la primitive disparaît de jour en
» jour. Si l'opération a lieu en automne, époque à laquelle
» la ponte a cessé ou est fort limitée, la ruche possédera
» des abeilles noires jusque vers le mois de mai suivant;

c'est-à-dire ressemblant parfaitement à la mère qui les a générés (1).

De même, sous le rapport de la pratique, les apiculteurs, soit européens, soit américains, reconnaissent à l'abeille italienne une supériorité incontestable sur l'autre espèce. En Allemagne, où l'abeille jaune est très-répandue, on trouve que les mères italiennes sont beaucoup plus fécondes et commencent leur ponte au printemps plus tôt que les indigènes. De là l'essaimage plus précoce des ruchées italiennes.

Les apiculteurs de tous les pays s'accordent à reconnaître que les abeilles italiennes sont beaucoup moins irritables et moins agressives que celles de l'espèce commune.

« Par contre, dit Ludwig Huber de Niederschopfheim, on les trouve d'autant plus vaillantes contre les pillardes. Dans ce cas, les italiennes sont très-courageuses, et elles savent fort bien faire usage de leur poignard. Malheur à une pillarde grise qui s'approche d'une ruchée italienne!... Une colonie italienne en état normal ne se laisse jamais subjuguer. »

» Les abeilles italiennes, continue M. Huber, suppriment les bourdons beaucoup plus tôt que les

» mais si on donne la mère au printemps, rarement il s'y
» trouvera encore une abeille indigène deux mois après ».
(Dzierzon, *Rationnelle Bienenzucht*, p. 186, an. 1861.)

(1 Mehring de Frankental. Voir note A, à la fin du vol.

indigènes, le plus souvent déjà en juin, tandis que celles-ci tolèrent souvent les mâles jusqu'en septembre et octobre (1).

» Elles sont beaucoup plus laborieuses. C'est une qualité essentielle que nul observateur attentif ne peut leur contester...

» Dans les mauvaises années, elles fréquentent des fleurs mellifères que les autres abeilles dédaignent; elles sont plus matinales, et on les voit s'aventurer à la picorée par un temps froid ou pluvieux pendant qu'aucune abeille indigène ne quitte la ruche. »

Je pourrais écrire un volume si je voulais produire, en faveur de l'abeille italienne, le témoignage de centaines de mes correspondants étrangers. Pour trancher court, je me bornerai à invoquer l'autorité du treizième congrès des apiculteurs allemands, qui a eu lieu en 1864 à Gotha, où l'on a traité, entre autres, la question suivante : « EST-CE QUE LES ABEILLES ITALIENNES SONT PLUS MELLIFÈRES QUE LES INDIGÈNES? » Dzierzon monte le premier sur la tribune accompagné d'un tonnerre d'applaudissements de la part de la nombreuse assemblée (elle se

(1) A la suppression précoce des bourdons en été, il faut ajouter la suspension de la ponte en automne, qui a lieu chez les italiennes plus tôt que chez les ruchées indigènes. C'est là une des raisons pour lesquelles ces dernières se trouvent comparativement moins riches en miel. (V. plus avant.)

composait de plusieurs centaines d'apiculteurs des
plus distingués), et il déclare : « L'abeille italienne
» intéresse toujours plus le monde apicole; elle
» devient toujours plus recherchée. Elle le mérite
» bien, car c'est elle seule qui a contribué à la solu-
» tion de plusieurs questions physiologiques de la
» plus haute importance. Elle est aussi PLUS ACTIVE et
» PLUS PRODUCTIVE. Les abeilles de race croisée (demi-
» sang) offrent à peu près les mêmes avantages (1).
» Je crois pouvoir me dispenser de produire des
» faits à l'appui de ce que je viens de dire, puisque
» tout le monde l'a pu constater de ses propres yeux.
» Il est bien entendu que si les abeilles italiennes
» sont souvent dérangées par des visites superflues,
» et encore plus si on les affaiblit en leur enlevant
» du couvain — ce qui arrive toujours quand on
» italianise un rucher — les résultats ne prouvent
» rien. Mais si on laisse les abeilles tranquilles, et
» si les ruches sont gouvernées selon les règles qui
» sont prescrites pour des ruches destinées à donner
» du miel, on en obtiendra des résultats d'une su-
» périorité étonnante. — Les abeilles italiennes
» sont d'ailleurs plus jolies, d'un caractère plus
» doux, et elles savent mieux se défendre. » Après
une discussion, aussi chaleureuse qu'intéressante,
à laquelle prirent part plusieurs apiculteurs des plus
distingués, on finit par se mettre d'accord sur ce

(1) C'est en quoi les apiculteurs américains semblent
parfaitement d'accord avec les Européens.

qui suit : — « Outre les qualités qui sont déjà générale-
ment admises : LEUR BEAUTÉ, LEUR DOUCEUR et LEUR
VAILLANCE à se défendre, les abeilles italiennes sont
aussi BEAUCOUP PLUS MELLIFÈRES. Cette supériorité est
due à l'avantage qu'elles ont de commencer plus
tôt à pondre au printemps et, par là, de se trouver
munies de plus fortes populations lorsque la miellée
arrive ; c'est de produire, comparativement, MOINS DE
BOUCHES INUTILES (faux-bourdons) et de S'EN DÉFAIRE
DE BONNE HEURE (bien avant l'automne) ; c'est de
savoir tirer parti, en arrière-saison, où les fleurs
vont toujours en diminuant, de TOUTE ESPÈCE DE
SUBSTANCES DOUCES, même des moins concentrées, tel
que DU FRUIT, DU RAISIN, etc. ; c'est de savoir bien
défendre leurs trésors des attaques des pillardes, et
c'est de suspendre de bonne heure la ponte en
automne, à laquelle époque les abeilles ne sont
produites qu'au détriment du miel, parce qu'elles
arrivent trop tard pour pouvoir êtres utiles (1).

Voici, d'après Langstroth, apiculteur de premier
rang aux États-Unis, les qualités qui rendent ces
abeilles si recommandables :

« 1° Les abeilles italiennes, grâce à leur trompe
» plus allongée, peuvent récolter du miel dans la
» deuxième coupe de trèfle rouge, et dans d'autres
» fleurs qui ne sont pas fréquentées par les abeilles

____

(1) Bericht über die 13. Wanderversammlung deutsche
Bienenwirthe : von Ziwansky.

» noires. Dans les pays où les fleurs d'été sont rares,
» cette qualité peut faire la différence entre un bon
» profit et une lourde perte.

» 2° Les abeilles italiennes pures sont plus
» douces que les noires. Cependant nous devons
» ajouter que le mélange des deux variétés donne
» des abeilles moins maniables et qui sont moins
» faciles à apaiser quand on a excité leur colère.

» 3° Les italiennes récoltent beaucoup plus de
» miel que les noires. Différents rapports établissent
» que cette variété a souvent donné des produits
» pendant que la race noire mourait de faim.

» 4° Les mères italiennes sont plus fécondes et
» tiennent leur couvain d'une manière plus com-
» pacte ; les ruchées italiennes essaiment d'ordi-
» naire plus tôt et donnent des essaims plus forts
» que les noires.

» 5° Lorsqu'on ouvre la ruche, la mère italienne
» est plus facilement trouvée qu'une mère noire,
» tant à cause de sa couleur que parce qu'elle ne
» se cache pas, et en outre parce que les abeilles
» italiennes restent tranquilles sur les rayons.

» 6° Les italiennes sont beaucoup plus disposées
» à remplacer leurs mères trop vieilles, et les colonies
» italiennes ont, par conséquent, moins de chances
» que les noires de devenir orphelines ou dépeuplées.

» 7° Les italiennes sont moins disposées à piller
» que les abeilles noires. L'importance de cette

» qualité dans une ruche, où les rayons mobiles
» sont employés, sera aisément appréciée.

» 8° Les italiennes défendent leurs ruches contre
» les pillardes, qu'elles soient noires ou italiennes,
» avec plus de succès que les noires.

» 9° Les italiennes protégent leurs rayons contre
» les ravages de la teigne mieux que les noires.

» 10° Les italiennes s'attachent davantage aux
» rayons et n'ont pas, comme les noires, quand on
» sort les cadres, le désagrément de tomber à terre
» ou sur la personne de l'opérateur.

» 11° Quand la position d'une ruche est changée,
» les italiennes s'accoutument plus vite à leur nou-
» velle position.

» 12° Les italiennes vivent plus longtemps que les
» noires, et par conséquent la ruche se dépeuple
» moins vite quand elle est orpheline.

» 13° Les colonies italiennes peuvent être réunies
» avec moins de risques de batailles durant la saison
» de la récolte que si on opérait sur des abeilles
» noires (1). »

Le Congrès des apiculteurs allemands (Gotha, 1864)
dont j'ai déjà invoqué l'autorité, à propos de la question concernant la plus ou moins grande producti-
vité de l'abeille jaune en comparaison de l'espèce
commune (question qui, comme le lecteur se le rappelle, a été résolue à l'unanimité en faveur de la

(1) P. 375 du *Journal des Fermes*, 1869.

race italienne), s'est occupé d'une autre question
non moins intéressante qui a été mise en discussion,
savoir : « *Dans quelle contrée de l'Italie rencontre-
t-on les abeilles jaunes les plus jolies?* » Voici la ré-
ponse du Congrès : « La couleur des abeilles ita-
» liennes varie plus ou moins d'une localité à l'autre.
» Il y en a qui sont d'un jaune clair, et il y en a aussi
» qui ont une couleur orange, presque rouge foncé
» (*orangefarbig, fast dunkelroth*). Entre ces deux
» couleurs caractéristiques, il y a différentes nuances.
» Quelques-uns croient que la couleur dépend de la
» qualité de la nourriture et qu'elle est par consé-
» quent variable. C'est une erreur. Les voyageurs
» ont trouvé que les abeilles jaune clair sont pro-
» pres à l'Italie septentrionale (Oberitalien) : en mon-
» tant vers le lac de Come (1), elles deviennent tou-
» jours plus jolies. *Les plus jolies,* c'est-à-dire celles
» *couleur orange foncé,* paraissent dans la Suisse
» italienne, dans le canton du Tessin, chez un apicul-
» teur connu, M. le professeur Mona à Pollegio (2).
» Les abeilles-mères, couleur jaune clair, ne sont
» pas les plus propres pour la reproduction, l'expé-
» rience ayant prouvé que leur progéniture n'est
» pas constamment semblable à la mère ; ce qui

(1) Le lac de Come se trouve à la frontière de la Suisse
italienne.

(2) Pollegio, où je demeurais à cette époque-là, est
à peu de distance de Bellinzona.

» autorise à retenir que les reines couleur jaune
» foncé, telles que M. Mona les élève, constituent la
» véritable espèce pure originelle (die echte Ori-
» ginalrasse) (1). »

V. — CULTURE.

Les règles données pour la culture de l'abeille
commune peuvent, en général, être suivies pour
celle de l'abeille italienne, les mœurs et les besoins
étant à peu près les mêmes chez les deux espèces.

Quant à l'*habitation*, notre abeille ne me semble
point difficile, puisque nous la voyons prospérer en
Italie dans la plus chétive des ruches (un simple
panier d'osier, un tronc d'arbre, un baril, etc.), tout
aussi bien que dans la ruche la plus élégante. La
grande majorité des apiculteurs italiens suit encore la routine traditionnelle, qui consiste à recueillir les essaims, les placer quelque part bien ou
mal abrités, et dépouiller les ruches en automne au
moyen du soufre. Cette routine, tout ignorante et
barbare, n'empêche pas le laborieux insecte d'assurer
à son heureux possesseur une rente annuelle qui est,
bon an mal an, de 50 à 100 pour 100.

La seule différence essentielle que j'ai remarquée
en Italie entre l'apiculture méridionale et celle des
pays froids, consiste dans la manière d'hiverner les

(1) Bericht über die 13. Wanderversammlung deutscher Bienenwirthe am 13, 14 und 15 septembre 1864
zu Gotha, vom abgehenden Vereinssekretair. Ziwvansky.

abeilles. Au nord on couvre les ruches de chiffons ou de foin, pour les tenir chaudes pendant la saison des frimas, tandis que les habitants du Midi n'ont d'autre soin que de bien aérer les ruches pour les défendre des chaleurs de l'été. On est tellement persuadé, en Italie, de la nécessité de donner beaucoup d'air aux abeilles, que l'on a adopté dans plusieurs provinces des caisses horizontales manquant tout à fait de la partie antérieure (façade). Il en résulte des ruches ayant une ouverture d'environ 25 centimètres sur 27.

Quelques apiculteurs ont soin de rétrécir en hiver cette issue énorme, d'autres ne s'en préoccupent pas. J'ai demandé si ce système n'expose pas les colonies à périr de froid en hiver, ou du moins à être envahies par toute sorte d'ennemis, et l'on m'a assuré, à mon grand étonnement, que les abeilles y passent l'hiver aussi bien (quelquefois mieux) que dans des ruches fermées, et que l'essaimage n'en est point retardé.

Mais notre apiculture n'est pas restée partout à l'état primitif. Les progrès que l'industrie abeillère vient de faire partout en Europe et au-delà de l'Océan, ne pourront manquer d'éveiller aussi l'apiculture italienne. De nombreuses sociétés apicoles se sont constituées par-ci par-là dans le but d'étudier et divulguer les meilleures méthodes apiculturales. Il y a donc lieu d'espérer, si les efforts de l'art parviennent à rendre l'apiculture en Italie plus populaire qu'elle ne l'est, et à y remplacer la vieille routine par des systèmes plus rationnels. Ce beau pays, si privilégié par la nature, et qui paraît créé tout exprès pour la culture des abeilles, trouvera bientôt dans cette modeste industrie champêtre une nouvelle source de richesse nationale.

VI. — NOS PROGRÈS APICOLES.

Comme le lecteur se le rappelle (*Apiculteur* d'avril 1872, p. 112-144) l'apiculture de la Suisse italienne s'est éveillée à son tour de sa léthargie traditionnelle, et il s'y est formé une vaste association, dont le premier soin a été la création d'un grand rucher modèle, dont j'ai accepté avec plaisir la direction.

Mon pays ne peut pas se vanter d'avoir devancé les autres nations, au contraire; mais en revanche ce petit retard nous a apporté ses fruits. En arrivant les derniers sur le champ du progrès on a l'avantage d'y moissonner ce que d'autres ont semé. Le directeur de l'école tessinoise d'apiculture, ayant assisté aux débats qui ont eu lieu en Europe pendant ces dernières années sur tous les points de la pratique apicole, a maintenant l'avantage d'exploiter la situation en faveur de ses concitoyens qui, d'ailleurs, étant commençants, n'ont encore de parti pris, et sont, par conséquent, beaucoup plus faciles à instruire que si les nouvelles doctrines avaient à lutter contre de fausses idées préconçues, des préjugés plus ou moins enracinés. Quand on a déjà adopté un système quelconque, il faut être bien raisonnable pour reconnaître avoir fait fausse route et que, pour arriver à bon port, il faut revenir sur ses pas, savoir se défaire de ses ruches pour recommencer. Il en coûte trop cher à l'amour-propre ainsi qu'à la bourse de faire un pareil aveu.

Ma mission m'imposant une impartialité parfaite, je me suis fait un devoir de défendre l'apiculture tessinoise des prétentions exorbitantes du progressiste fanatique (qui voudrait supplanter sur-le-champ toutes les ruches actuelles pour y substituer des systèmes entièrement nouveaux) (1), non moins que de l'opposition obstinée du stationnaire, qui, se méfiant de toute innovation en général, croit qu'en apiculture — comme dans d'autres branches de l'activité humaine — on ne puisse mieux faire que de suivre l'exemple de nos ancêtres.

VII. QUE DOIT-ON ENTENDRE PAR APICULTURE RATIONNELLE?

L'apiculture est une industrie champêtre agréable et rémunératrice. Cependant le rendement des

(1) Le lecteur comprend que je fais allusion particulièrement aux ruches à *rayons mobiles*, dont les avantages sont exagérés par les uns et injustement méconnus par les autres. Le vrai est que *le cadre mobile est un progrès réel qu'a fait l'art et plus encore la science apicole, qu'il est indispensable pour l'apiculture instructive,*etc.; mais il n'est pas moins vrai que la forme de la ruche ne suffit pas pour

abeilles peut varier beaucoup selon les circonstances. Comme chez toutes les autres branches de l'agriculture, *l'apiculture la plus rationnelle est celle qui atteint mieux son but*, qui est de *produire beaucoup, facilement et à peu de frais*.

Quelles sont donc les conditions nécessaires pour retirer le plus de profit possible de la culture des abeilles ? Si nous consultons nos bons campagnards, ils nous répondent tout bonnement que tout dépend du bon plaisir de là-haut, c'est-à dire d'une saison favorable. L'exclusiviste fanatique vous dit : « Prenez ma ruche : elle seule est rationnelle, ce n'est qu'avec elle que vous ramasserez du miel à profusion. L'apiculteur raisonnable au contraire reconnaît qu'un résultat satisfaisant dépend nécessairement du concours de plusieurs causes, savoir :

1° D'une localité mellifère ;

2° D'une saison favorable ;

3° De colonies populeuses ;

4° Des connaissances, de l'adresse et de l'assiduité de l'apiculteur ;

en garantir le succès, l'expérience ayant démontré que *le mobilisme est d'une supériorité* non absolue, mais *subordonnée aux soins éclairés de l'apiculteur*, et qu'en général *la complication de la ruche doit être proportionnée à l'aptitude de celui-ci, à ses connaissances apicoles, à ses moyens pécuniaires et au temps dont il peut disposer pour s'occuper de ses abeilles*.

5° D'une ruche convenable (1).

Nous allons examiner rapidement ces cinq conditions.

VIII. — LOCALITÉ MELLIFÈRE.

Une longue expérience m'a assez instruit sur la grande différence qu'il y a entre une localité et l'autre pour l'exercice de l'apiculture.

Non, il ne suffit pas que la surface du sol environnant soit émaillée de fleurs, car d'abord toutes les fleurs ne sont pas mellifères et la même fleur donne plus de miel dans un terrain que dans un autre. Les prairies naturelles de la Suisse italienne, surtout si elles sont bien grasses, donnent peu de miel, qui abonde beaucoup plus dans les fleurs des mau-

---

(1) Un des derniers numéros de la Gazette apicole de la Suisse allemande nous apprend (relation Bosshard) que cette même question : « Comment obtenir des abeilles le plus de rendement possible? » ayant été discutée par le dernier congrès national des apiculteurs de l'Amérique du Nord , les conclusions de l'assemblée américaine ont été à peu près dans le sens susdit.

Dire que le succès, en apiculture, dépend — en bonne partie — de la forme de la ruche, c'est parler le langage de la pure vérité, lequel langage prouve bien différemment que celui de certains exclusivistes, qui (de bonne ou de mauvaise foi) auraient la prétention de faire croire que l'adoption de la ruche qu'ils préconisent est la panacée infaillible, la condition *sine qua non* pour avoir des résultats fabuleux.

vaises herbes, croissant sur le terrain maigre et inculte. Le fait est que l'abeille prédilige et fréquente, chez nous, avec beaucoup plus d'assiduité (preuve qu'elle y trouve son intérêt) le thym sauvage, le serpolet, le mirtille et d'autres modestes petites fleurs, dont sont revêtus nos terrains inutiles et surtout les maigres pentes de nos vallées.

En général cette contrée n'est pas bien riche en ressources printanières. Les mois de mars, d'avril et de mai ne constituent pour notre apiculture qu'une *période de préparation,* pendant laquelle les colonies se font populeuses, et la nature ne leur offre que tout au plus le nécessaire pour la grande consommation journalière (1). Par conséquent il faut que nos ruches soient bien escortées de vivres depuis l'automne, si l'on ne veut pas avoir *le plaisir* de les secourir après l'hiver.

Depuis mai, cette contrée est — par un temps propice — d'autant plus riche en ressources pour l'abeille qu'elle en manquait les mois précédents.

---

(1) Nos prairies n'offrent aux abeilles qu'un peu de bourrache (*borago*) et par-ci par-là du trèfle blanc. Le sainfoin, qui forme la grande ressource mellifère de plusieurs localités de la Suisse transalpine, ainsi que du Gâtinais en France, est presque inconnu chez nous. Ce n'est que dans la partie méridionale de la Suisse italienne que l'on voit des champs de colza, et que le parfum délicieux de l'acacia avertit le passant de la présence de cette plante mellifère.

C'est surtout sur nos montagnes (1), où coïncident à cette époque-là les floraisons du châtaignier, du tilleul, du thym, de [la rose des Alpes, etc., que la végétation devient, dès ce moment, de plus en plus mellifère.

Le transport des ruches de la plaine à la montagne, que quelques apiculteurs intelligents savent effectuer fort à propos à cette époque, est une pratique aussi rationnelle que celle de l'émigration périodique de nos pâtres, qui se rendent en été, avec leur bétail, aux pâturages des Alpes pour n'en redescendre que lorsque les premiers frimas annoncent le retour de l'hiver.

Mais de toutes les floraisons qui sont propres à la Suisse italienne, la plus importante est celle de la bruyère qui — si elle est favorisée 'par le beau

(1) La Suisse est un groupe de hautes montagnes s'étendant dans toutes les directions. Les intervalles entre une montagne et l'autre sont autant de vallées, rendues pittoresques par de charmants petits lacs et de jolies cascades se précipitant des rochers. C'est surtout la vie pastorale des Alpes — couvertes en été d'herbes aromatiques, et offrant pendant les grandes chaleurs une continuation de printemps — qui fait de la Suisse un séjour délicieux, et que le riche étranger n'a pas tort de choisir pour y passer en paix quelques semaines loin des soucis domestiques. Le canton du Tessin, dont Bellinzona est le chef-lieu (et qui est un des 22 petits Etats unis, dont la Suisse se compose), est situé sur le versant méridional du Saint-Gothard.

temps — offre à nos abeilles la plus riche et la plus durable des ressources (elle fleurit successivement depuis le commencement d'août jusqu'à la fin de septembre). Il nous arrive souvent de voir des ruches, ne possédant vers le commencement d'août que la colonie, du couvain et de la cire vide, se remplir de miel au bout de quelques semaines.

Outre la flore, le succès dépend en grande partie de la *situation*. C'est en vain que nous nous promettrions un résultat satisfaisant de notre apiculture, si par exemple nos abeilles manquaient d'eau, dont le besoin est grand et journalier, surtout à l'époque de la grande ponte ; si la localité était infestée par des oiseaux insectivores, dont le plus redoutable est l'hirondelle ; si en général les laborieux insectes, en allant et revenant de la picorée, avaient à lutter contre de rapides courants d'air, ou à traverser de larges fleuves, etc.

Une erreur commune, très-naturelle, est de croire que les localités les plus exposées au soleil soient les plus propices pour l'apiculture. C'est précisément le contraire. Les abeilles prospèrent beaucoup mieux du côté du couchant, où la rosée est plus abondante et par conséquent la sécrétion du miel s'y accomplit mieux qu'ailleurs (1). Ce que l'abeille aime le plus,

(1) Je parle par expérience, les ruches de notre établissement apicole ayant été distribuées sur plusieurs apiers placés dans les environs de Bellinzona. L'expérience nous a constamment démontré que le rendement de celles placées

c'est la solitude paisible des bois, où l'ombre des arbres la protége contre les ardeurs du soleil, ainsi que contre la violence des airs.

IX. — SAISON FAVORABLE.

Une pluie continuelle, ne permettant pas aux abeilles de sortir, a du moins cet avantage que les pauvres petites bêtes ne se perdent pas en faisant des excursions inutiles, et par conséquent les ruches se maintiennent populeuses. D'ailleurs la pluie d'aujourd'hui prédispose les sources du miel pour demain; et nous savons par expérience qu'une saison, qui est fréquemment interrompue par des pluies douces et tièdes, est beaucoup plus mellifère qu'un temps continuellement serein.

Une saison incessamment venteuse ne vaut pas beaucoup mieux qu'un temps continuellement pluvieux, car si elle permet aux abeilles de butiner un peu pendant les heures du matin, il n'en est pas moins vrai que le maigre butin coûte à la colonie de nombreuses victimes, de courageuses ouvrières qui, dans leurs sorties, sont cruellement décimées par la violence des vents.

L'intelligence et la main de l'homme peuvent intervenir, plus ou moins avantageusement, dans

du côté de l'ombre (en face du soir) est de 40-50 p. 100 supérieur à celui de celles exposées au soleil du matin et du midi. Aussi ces dernières seront-elles toutes transportées, à la fin de l'hiver, du côté opposé.

toute l'étendue de l'apiculture, hors à régler les saisons, qui dépendent uniquement du bon plaisir de là-haut. C'est pourquoi M. Hamet avait bien raison de s'écrier avec douleur, en l'occasion des pluies interminables de mai et juin 1872 : « Les divers systèmes se confondent devant les fleurs lavées par l'eau ou écloses par un temps gris, froid et venteux : ils sont également impuissants à nous assurer des produits lorsque la nature nous en refuse; et, comme notre poëte (Metastasio) chantait jadis :

> « A compir le belle imprese
> » L'arte giova, il senno ha parte ;
> » Ma vaneggian senno ed arte,
> » Quando amico il Ciel non è. »

X. — DES COLONIES POPULEUSES.

Chaque localité a, tôt ou tard, ses grandes ressources mellifères. La nature, avare de ses faveurs la plupart de l'année, en devient prodigue dans certains moments exceptionnels. Savoir exploiter le mieux possible ces intervalles (rares et passagers) de profusion est en quoi consiste le point capital de l'art apicole. C'est pourquoi les apiculteurs de tous les temps et de tous les pays nous prêchent d'une seule voix : « Si vous voulez une abondante récolte, tâchez d'avoir de fortes familles d'abeilles prêtes au travail lorsque l'abondance arrive. »

Les colonies populeuses vous ramasseront — COMPARATIVEMENT — *plus de miel que des essaims moins forts.* Dire que l'abondance du butin ne dépend pas du nombre des ruches, mais de celui des travailleuses, et que par conséquent une forte population de 5 kil. d'abeilles environ 50,000 ouvrières) peut ramasser, elle seule, autant que deux familles de 5 livres chacune, est ce que personne n'a de la peine à comprendre : c'est trop évident.

Dans ce cas, une ruche colossale n'offrirait effectivement d'autre avantage — en comparaison de deux médiocres — que celui de l'emploi d'un moindre capital en ruches, moins d'espace occupé sur le rucher et moins de travail de la part de l'apiculteur, ce qui est déjà quelque chose.

Mais le rendement d'une forte colonie est, avons-nous dit, *comparativement supérieur* à celui de plusieurs faibles familles ayant, ensemble, la même quantité d'abeilles. Voyons :

La grande miellée arrive ; le temps est propice. Deux colonies médiocres ont, chacune, une mère pondant par exemple 1,500 œufs par jour. Des 25,000 ouvrières la moitié environ peut s'adonner à la récolte, le reste de la population étant retenu au logis par les soins que réclame le nombreux couvain et d'autres fonctions domestiques. Le fait est que les 12,500 butineuses vous ramassent, supposons, 1 kil. de miel par jour, 2 kil. pour les deux colonies ensemble. — La ruchée possédant 50,000 ouvrières, que fait-elle? La ponte y étant un peu plus étendue, admettons que 15-16,000 ouvrières soient retenues

au logis en qualité de nourricières : elle peut donc
bien mettre à disposition de la récolte une phalange
de 34-35,000 butineuses dont le produit sera d'environ 3 kil. de miel par jour. Et si l'on considère
que la consommation journalière du miel récolté est
beaucoup plus forte chez les deux médiocres familles
à cause du couvain — beaucoup plus nombreux —
qu'elles ont à entretenir, le lecteur ne trouvera pas
que j'exagère, si j'établis comme règle générale que
le produit définitif *de deux médiocres populations
peut être* REDOUBLÉ *moyennant leur réunion (quelques
jours avant la miellée) en une seule famille colossale.*

C'est dans cette persuasion que les apiculteurs du
métier, non contents de populations normales à l'arrivée de l'abondance, opèrent des réunions artificielles
dans l'intérêt du produit. Si ce système de concen-
tration des forces productives — au détriment mo-
mentané de la procréation, mais au grand avantage
de la production — est rationnel dans toutes les localités en général, il l'est à beaucoup plus de raison
là où il s'agit de miel de luxe, tel que celui que l'on
peut produire sur nos montagnes qui est fort bien
payé, surtout s'il est bien présenté.

Outre qu'une colonie populeuse est, comme nous
l'avons démontré, plus productive à l'époque de la
récolte, elle se conserve mieux et elle consomme
comparativement moins pendant la saison froide.
Les ruchées bien peuplées et bien approvisionnées
bravent les hivers les plus longs et les plus rigoureux,

tandis qu'une faible famille — surtout si elle est mal escortée de vivres - - a de la peine à traverser même un hiver ordinaire ; si elle ne succombe pas entièrement, elle perd, de règle, une partie plus ou moins considérable de sa faible population. La procréation vers la fin de l'hiver est sans comparaison plus précoce et plus abondante dans une forte ruchée que chez une faible famille qui, — manquant de nourrices et de la chaleur nécessaire pour l'entretien d'un nombreux couvain — ne peut se refaire que lorsque la saison est déjà bien avancée, sans compter le cas de pillage à quoi un petit nombre d'abeilles est toujours plus sujet qu'une forte population. C'est pourquoi les apiculteurs de tous les pays — surtout ceux qui habitent des régions froides — ont pour règle de ne point hiverner des colonies faibles ou indigentes, de qui l'apiculteur ne pourrait se promettre que des ennuis sans bénéfice. En réunissant en une seule ruche les abeilles et les vivres de deux ou trois familles misérables, il en résulte une colonie puissante, de qui nous pouvons espérer les résultats les plus satisfaisants.

XI. DES CONNAISSANCES, DE L'ADRESSE ET DE L'ASSIDUITÉ DE LA PART DE L'APICULTEUR.

La connaissance de la théorie (histoire naturelle de l'abeille), est-elle absolument nécessaire à la généralité des apiculteurs, même à l'apiculteur campagnard ? Je répondrai à ce propos avec l'abbé Collin que « si » un maître conduit plus sûrement un élève dont il connaît le caractère « et les habitudes, un » apiculteur aussi dirigera mieux son rucher s'il a » le secret des lois et des mœurs des abeilles (1). » Toutefois, n'exagérons pas ! Distinguons entre science et art apicole. Pour la plupart des possesseurs d'abeilles, l'apiculture n'est qu'un art sinon un métier (2). Or, s'il importe que tout apiculteur connaisse de l'histoire naturelle de l'abeille au moins les *faits utiles et bien constatés, ceux qui peuvent avoir quelque influence sur la pratique,* ce serait en vain que l'on prétendrait une étude *profonde* de l'abeille du plus grand nombre des apiculteurs qui — comme dit **M.** Collin — n'ont ni le temps ni la volonté (ou — comme dit Quinby — n'ont pas l'intérêt, n'ont pas le temps, n'ont pas la patience) de s'y soumettre.

D'autre part, s'il est à désirer que l'apiculteur sache, il importe beaucoup plus qu'il *sache faire.* L'expérience vaut mieux que la science. Quoi qu'en dise au contraire quelque théoricien exagéré, je ne crains point d'affirmer que *l'apiculteur* (j'entends

(1) L'apiculture scientifique peut être comparée à la médecine. Il appartient au médecin d'étudier à fond le corps humain, tandis qu'il nous suffit d'avoir quelques notions d'hygiène pour vivre sainement, de la même manière que l'étude de la chimie agraire, qui est le propre de l'agronome, n'est pas absolument indispensable au simple cultivateur pour produire de bons grains et du vin généreux.

(2) *Le Guide du propriétaire d'abeilles,* pag. **5.**

l'apiculteur *producteur*, non l'amateur qui se contente de posséder des abeilles, de pouvoir les contempler et même les importuner à son gré et qui ne compte pas beaucoup sur le bénéfice réel net) *doit être en première ligne expert*, et secondement, autant que possible, théoriquement instruit dans l'art. Dans l'alternative de devoir confier mes abeilles aux soins d'un praticien plus que médiocrement instruit dans la théorie, ou bien à un apiphile savant mais peu exercé, je n'hésiterais pas à donner la préférence à celui-là, de qui — pour peu que la localité soit mellifère et la saison favorable — je pourrais me promettre un résultat satisfaisant, tandis que le produit net du théoricien inexpérimenté serait très-problématique. Le spirituel Bastian, en parlant des ennemis des abeilles, dit qu'il y en a de plus ou moins pernicieux, mais que *le plus nuisible de tous est l'apiculteur ignorant et maladroit*, et moi j'ajouterai le *négligent*. « Si les abeilles, poursuit M. Bas-
» tian, n'avaient pas été douées d'une vitalité extra-
» ordinaire, l'espèce en serait éteinte dès longtemps
» à cause des traitements absurdes et barbares
qu'on leur fait subir. » Ce juste reproche ne s'applique pas seulement au routinier, qui ne connaît d'autres moyens de se procurer les trésors récoltés par le laborieux insecte hors l'étouffement de celui-ci au moyen du soufre, mais il comprend aussi le progressiste imprudent qui adopte trop facilement de nouveaux systèmes de ruches en vogue (plus

ou moins perfectionnées, plus ou moins défectueuses),
*supérieures à son aptitude ou à l'état de ses connais-
sances*; dans lesquelles ruches, mal comprises et encore plus mal gouvernées, les pauvres abeilles sont
condamnées à languir au lieu de prospérer, et cela
au détriment de leur propriétaire et au déshonneur
de l'art. Lorsque, dans mes excursions apicoles, il
m'arrive de rencontrer de ces malheureuses ruchées
d'abeilles, pleines de bonne volonté, qui auraient
probablement prospéré dans le creux d'un arbre,
je suis tenté de m'écrier avec Rousseau : « Tout
est bien en sortant des mains de la nature; tout
se gâte dans les mains de l'homme. » Je conclurai
en exprimant avec Bastian le désir et l'espoir que
cet ennemi des abeilles en deviendra bientôt un ami
intelligent et attentif.

XII. Une ruche convenable.

Réflexions générales. — Des centaines de ruches,
de toutes les formes imaginables, se disputent la faveur des apiculteurs. Il y en a et on en invente tous
les jours — pour tous les goûts, pour toutes les intel-
ligences, pour toutes les bourses ; et chaque inven-
teur croit naturellement que la sienne est la meilleure.

Nous nous épargnerons la peine, peu utile, de
passer en revue ces nombreuses conceptions du génie
et de l'extravagance de l'homme. Nous nous conten-
terons d'établir, comme principes généraux, que :

a. C'est commettre une grande erreur que de prétendre que la même ruche puisse convenir à tout le monde; elle doit être *proportionnée à l'aptitude de l'apiculteur et répondre au but qu'il se propose.*

b. La ruche doit — avant tout — *offrir à l'abeille, en toute saison, un logement sain et confortable,* où le laborieux insecte puisse prospérer (se conserver, se multiplier rapidement, etc.).

Toute ruche, de n'importe quel système, ne remplissant pas ces deux conditions, prétendrait en vain d'être admise au rang des ruches rationnelles.

Ruche à rayons mobiles ou ruche à rayons fixes? — En ma qualité d'éleveur de mères par profession je suis nécessairement mobiliste. Le cadre mobile m'est aussi indispensable que l'aiguille au tailleur, ou que la scie au menuisier. Mais je n'hésite pas à déclarer que—tout en rendant au cadre mobile l'hommage qu'il mérite, — je ne dédaigne pas la ruche à rayons fixes, qui me rend à son tour d'excellents services comme instrument *auxiliaire.* Je trouve qu'une ruche à rayons fixes, rationnellement construite (voir plus avant), vaut la ruche mobile la plus perfectionnée pour la conservation et le développement (la multiplication) d'une colonie; mais la ruche à cadres — si elle est bien faite, bien comprise et bien gouvernée — est sans comparaison supérieure à tout autre système pour la facilité qu'elle offre de multiplier — successivement— ses colonies à l'infini et de les fortifier — peu à peu —par l'addition d'un ou plusieurs rayons de couvain, avec ou sans miel, avec ou sans abeilles, selon les circonstances.

Le fixisme et le mobilisme ayant donc, selon moi, chacun sa raison d'être (1), je me permettrai de parler de l'un et de l'autre système. Je dirai franchement quelle est mon opinion, bien loin cependant de la prétention que la forme, à laquelle je donne la préférence, soit le *nec plus ultra* de l'art, et que les abeilles y puissent faire des prodiges, — car avant tout — je partage entièrement l'avis de M. Bastian, que la ruche parfaite n'existe pas, et qu'elle n'existera jamais, la perfection n'étant point une qualité d'ici-bas; et d'ailleurs, l'expérience m'a convaincu que — comme je l'ai déjà déclaré —la ruche n'entre que comme facteur secondaire dans la production du miel et de la cire, le succès en apiculture dépendant en première ligne de la localité plus ou moins mellifère conjointement à une saison plus ou moins favorable; tout le reste (la forme de la ruche, l'activité de l'abeille, l'intelligence et le zèle de l'api-

----

(1) Bien entendu, avec cette différence, que, si la ruche à rayons mobiles ne peut convenir à un grand nombre d'apiculteurs (surtout chez les pauvres campagnards), dont elle dépasse la portée, l'apiculteur observateur au contraire ne saurait se contenter d'une ruche ne permettant pas d'être minutieusement inspectée dans son intérieur. En général la classe aisée, intelligente et progressiste, surtout l'amateur de l'abeille italienne, ont une prédilection pour le cadre mobile : on ne pourrait la leur contester.

culteur) ne pouvant que coopérer subordonnément à l'action essentielle de la nature.

XIII. RUCHE POPULAIRE A RAYONS FIXES ADOPTÉE PAR L'ÉCOLE TESSINOISE D'APICULTURE.

Qualités. — Il est prouvé par l'expérience, que l'art apicole — peut-être dans 90 cas sur 100 — se trouve dans l'alternative de renoncer à l'espérance de convertir au progrès la vieille routine, ou de devoir se contenter d'un progrès proportionné à l'aptitude limitée du plus grand nombre. Pénétrée de cette vérité, la Société tessinoise d'Apiculture a sagement établi que la ruche vulgaire (surtout celle destinée à la classe rurale) doit réunir les qualités suivantes :

1° Être solide, *peu coûteuse* et, autant que possible, de nature à pouvoir être confectionnée par l'apiculteur lui-même;

2° *Hygiénique*, c'est-à-dire offrant aux abeilles, en tout temps, une habitation commode et confortable;

3° D'une *capacité suffisante* pour une forte colonie sans être excessive pour une faible famille;

4° Favoriser une procréation précoce et copieuse, surtout au printemps;

5° Se prêter facilement aux plus importantes, sinon à toutes les opérations de l'art; telles que : — *a*, transport des abeilles d'une localité à une autre; — *b*, réunion de deux familles toutes les fois que l'intérêt de l'apiculteur l'exige; — *c*, multiplier artificiellement le nombre des colonies; — *d*, secourir les abeilles dans le besoin; — *e*, d'approprier le superflu de leurs richesses sans difficulté et sans trop s'exposer à leurs dards (1).

Matériaux, construction, prix. —On a beau recommander aux paysans de couvrir leurs ruches en hiver pour les tenir chaudes, et de les ombrager en été pour les protéger des rayons brûlants du soleil, ils promettent, et puis ils ne font rien. De là la nécessité que les ruches destinées à la classe vulgaire soient construites de manière et avec de tels matériaux qu'elles se garantissent d'elles-mêmes des vicissitudes atmosphériques. Il faut rendre hommage sous ce rapport aux apiculteurs du Nord, d'avoir su utiliser la paille dans la confection de leurs ruches (2). « La paille, » comme le dit fort bien M. Cayatte, n'a

(1) Ma *ruche mixte* que j'avais présentée à la dernière exposition des insectes (Paris 1872), était conçue dans ce sens. Mais ce n'était là qu'une première conception, manquant encore du contrôle de la pratique. La réflexion et l'expérience de ces deux années en ayant signalé les défauts, l'auteur n'a pas manqué d'y apporter successivement d'importantes modifications.

(2) Autant les ruches de paille sont communes dans la Suisse transalpine (allemande et française), en France, en Allemagne, en Angleterre, etc., autant il est rare de voir chez nous les ruches construites avec cette matière précieuse. Les ruches vulgaires italiennes consistent le plus souvent en des troncs d'arbres, des barils, des caisses, des paniers d'osier enduits d'argile, etc.

pas seulement le grand avantage d'être légère, peu
» coûteuse et à la portée de tout le monde, mais
» elle est aussi un très-mauvais conducteur de la
» chaleur; c'est-à-dire, que la chaleur des abeilles
» ne peut pas plus s'échapper par des parois épaisses,
» construites avec cette matière, que la chaleur, ni
» le froid du dehors ne peuvent pénétrer à l'inté-
» rieur. En hiver, la chaleur produite par nos in-
» sectes leur suffit; en été, la ventilation qu'ils pro-
» voquent avec leurs ailes chasse au dehors l'excès
» de chaleur..... » Cette uniformité de température
dans l'intérieur de la ruche, en toute saison, ne peut
qu'exercer une grande influence sur le bien-être de
la colonie. — « Au contraire, poursuit M. Cayatte,
» la ruche dont les parois laissent passer le froid
» et la chaleur, est sujette à de bien graves inconvé-
» nients. Au printemps les prudentes ouvrières
» n'osent se développer dans leur froide demeure ;
« la mère ne peut étendre sa ponte et les nuits gla-
» ciales font encore avorter une partie de la pro-
» géniture; par conséquent la population ouvrière
» reste faible. En été, la température trop élevée
» devient souvent insupportable, et elle porte la co-
» lonie ou à jeter beaucoup de petits essaims qui res-
» tent pauvres, ou à abandonner une demeure, où
» elles étouffent, pour venir se grouper aux abords
» de l'entrée, et y passer les heures et les journées
» dans l'inaction, certes non au profit de leur pro-
» priétaire. » En hiver, les abeilles s'agitent pour

s'échauffer, ce qui occasionne une plus forte consommation de vivres, qui — surtout dans les contrées froides, où les abeilles ne peuvent pas sortir si facilement pour se vider — peut amener la perte partielle et même totale des colonies.

C'est dans la persuasion de la grande supériorité de la paille sur le bois, que les apiculteurs du Nord ont fait de louables tentatives pour construire avec elle non-seulement les ruches vulgaires, mais aussi celles à rayons mobiles, et ils y ont passablement réussi.

C'est dommage que la construction d'une ruche avec cette matière précieuse ne soit pas à la portée de tout le monde, car elle demande une main exercée pour qu'elle puisse résulter *solide* et *bien faite*. D'autre part, pour le cas d'entassement et de calottage, surtout avec une calotte à rayons mobiles (voir plus avant), il faut que le dessus de la ruche soit parfaitement plat, ce à quoi la paille ne se prête pas. C'est pourquoi après de nombreuses tentatives (dont l'énumération serait sans but), j'ai fini par me persuader avec les apiculteurs du Nord, que le meilleur moyen pour concilier la simplicité et l'économie avec les qualités hygiéniques et techniques les plus importantes, c'est de construire une ruche en bois mince, revêtue de paille. Que le lecteur s'imagine une caisse légère, en bois doux (de sapin, de peuplier, de tilleul, etc.), de l'épaisseur de 11-13 millimètre, seulement, mais acquérant, avec la couver-

ture extérieure, une épaisseur complexive de 4 centimètres environ, fig. 1, page 43.

La paille couvrant les quatre parois latérales ne
descend que jusqu'à un pouce de la base, pour deux
raisons : 1° la paille ne touchant pas à terre se conserve mieux ; 2° plus les points de contact entre la
ruche et le fond sont diminués, moins il est à craindre
que la fausse teigne puisse s'y nicher ou que l'on
écrase des abeilles toutes les fois que l'on replace
la ruche après l'avoir soulevée du tablier pour une
inspection ou une opération quelconque.

La paroi de devant est munie de deux ouvertures
(issues), dont l'une — en bas — de forme horizontale
(ayant environ 10 centim. de longueur sur 1 centim.
environ de hauteur); l'autre, plus petite, verticale —
à environ trois quarts de la hauteur — ayant pour
but aussi de favoriser le renouvellement de l'air intérieur.

La ruche est traversée par une baguette (du diamètre de 12 millimètres environ), qui, entrant par
un des deux flancs, sort de l'autre, et a pour but de
consolider les rayons surtout pour le cas de transport.

La ruche est simple, et sa construction ne demande
pas une personne de l'art, mais elle est à la portée de
quiconque sache seulement médiocrement manier
la scie et l'équerre. Grâce à la couverture de paille,
la ruche peut se conserver 20-30 ans. Lorsque la
paille est usée, rien de plus facile que de la re-

nouveler. Pour la faire adhérer aux parois de la ruche, je me sers ordinairement de fil de fer cuit, dont je forme 4-5 cercles. Des baguettes fendues, de 25 millim. environ d'épaisseur, peuvent rendre le même service que le fil de fer.

Le prix de revient de cette ruche, soigneusemen construite, est d'environ 3 francs.

Ruche vulgaire rationnelle à rayons fixes.]

Fig. 1. Ruche vue de face.

> *a*. Baguette de 12 millimètres environ d'épaisseur entrant d'un côté de la ruche et sortant du côté opposé. Elle traverse les rayons à leur centre et les consolide ; *f* fig. 2 et *d-c*. fig. 3.
>
> . Issue inférieure.
>
> . Issue supérieure.

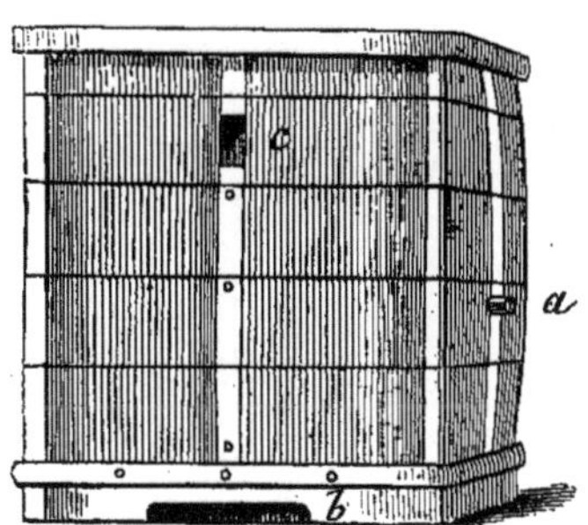

Fig. 1.

Fig. 2. Ruche vue de côté (*l*), surmontée d'une
calotte, sans fonds à rayons mobiles (*k*).

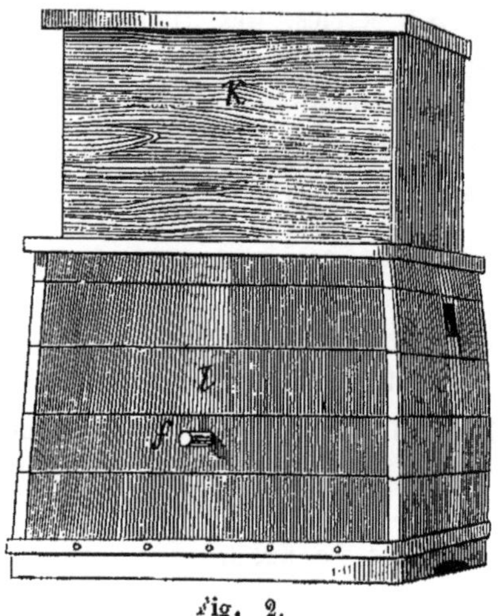

Fig. 2.

Fig. 3. Ruche vue par-dessous.

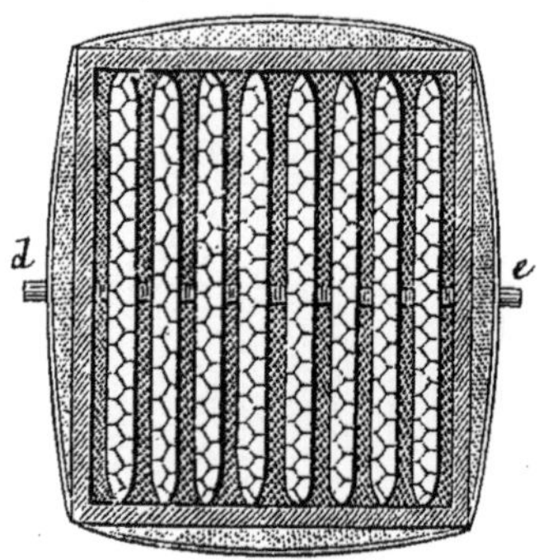

Fig. 3.

Fig. 4. Ruche vue par-dessus.

    m. Ouverture de communication, de 10 cen-
       timètres de diamètre.

    n. Plaque métallique vernissée, destinée à
       couvrir à son temps l'ouverture *m.* Elle
       est fixée en *o* au moyen d'un clou à vis,
       qui permet de la tourner.

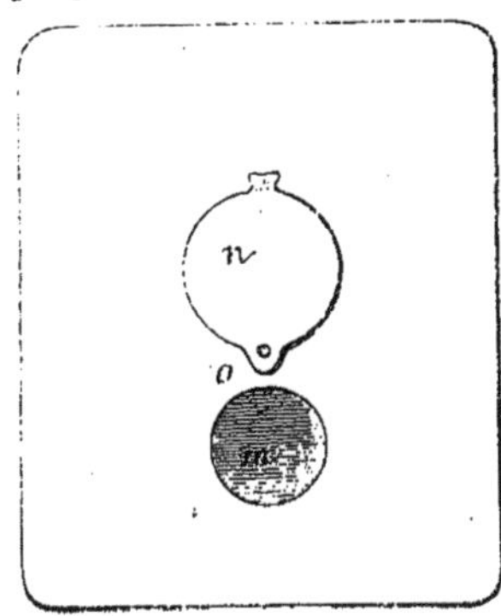

Fig. 4.

Fig. 5. Coupe verticale de la ruche, vue de côté.

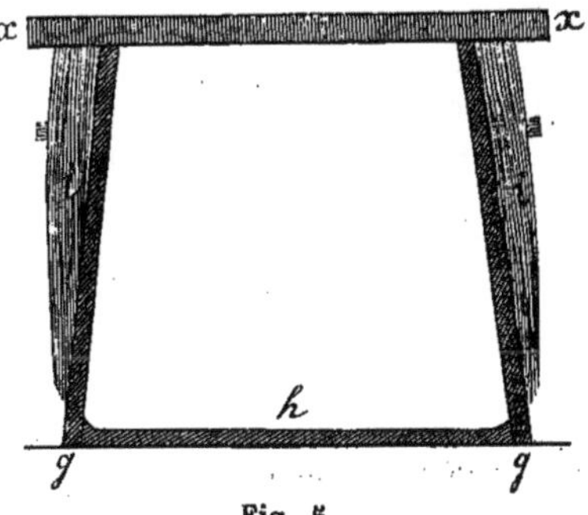

Fig. 5,

x. x. Plafond, vu dans sa longueur (centim. 44) et son épaisseur (millim. 23-25). La largeur en est de centim. 39.

g. g. Parois de devant et de derrière, vues dans leur épaisseur (de millim. 12 environ).

h. Extrémité inférieure du rayon, vu dans toute son étendue.

i. i. Surtout de paille se retrecissant en bas.

Dimensions de la ruche dans œuvre.

	Centimètres.
Hauteur	34 (1).
Largeur	30 (2).
Profondeur ou distance entre la paroi de devant et celle de derrière (voir fig. 5) :	en haut. 30 en bas. 37 (3).

(1) Pour une ruche destinée à être calottée, la hauteur de 34 centim. suffit sans être excessive.

(2) La largeur de 30 centim. est exactement l'espace qu'il faut pour 8 rayons, retenu que l'épaisseur du rayon est de 25 millim., le corridor ou intervalle vide, 12 millim.: total, 37 millim. environ (voir fig. 3).

(3) La ruche est — intérieurement — spacieuse en bas et elle se restreint en haut (fig. 5), ce qui apporte deux avantages considérables : 1° en retrécissant l'espace en haut on y concentre mieux la chaleur, dont c'est précisément là que le besoin est plus grand (voir plus avant). 2° plus la paroi de devant et celle de derrière sont rapprochées, moins un essaim nouvellement installé sera enclin à y édifier obliquement ou de travers. Je sais bien

Capacité. — Les dimensions présentées ci-dessus donnent pour résultat une capacité de 34 litres. Si cet espace suffit pour une forte colonie, on pourrait le trouver excessif pour une médiocre population. — J'ai à ce propos des observations à faire. Tout le monde sait qu'une colonie s'établit toujours en haut, où elle commence ses constructions pour les prolonger progressivement vers le fond, et que, par conséquent, c'est là où il importe le plus de concentrer la chaleur. Or c'est dans ce but que *le corps de la ruche,* comme nous l'avons vu, *se restreint en haut,* et que *le surtout de paille y acquiert beaucoup plus d'épaisseur* (voir la fig. 5, représentant en *i, i* l'épaisseur du surtout de paille, qui est de 1-2 cent. seulement en bas et de 3-4 cent. en haut). Par conséquent une médiocre famille d'abeilles — supposons de kil. 1 1/4 — 1 1/2 — ne pourrait y manquer de la chaleur nécessaire.

Une considération m'a tenu quelque temps perplexe. Je me suis demandé, si, eu égard aux essaims faibles, il ne convenait pas d'adopter une ruche haute 27-28 cent. seulement, au lieu de 34, et pouvant être agrandie à volonté au moyen d'une hausse. Mais j'ai réfléchi que cette complication, peu considérable en apparence, amènerait plusieurs in-

qu'un apiculteur intelligent et attentif obvierait à cet inconvénient en garnissant la ruche, au préalable, de rayons indicateurs : mais est-il à espérer que la généralité des apiculteurs le fera?

convénients, savoir : prix plus élevé, manque de connexion, par conséquent difficulté d'emballage et de transport, opportunité offerte à la teigne de se nicher dans les interstices, des courants d'air mal à propos, propolisation, etc., — desquels inconvénients, qui sont le propre des ruches compliquées en général, est exempte la ruche simple d'une seule pièce. C'est pourquoi j'ai cherché et trouvé le moyen d'atteindre mon but, tout en obviant aux inconvénients susdits, en construisant la ruche de manière que, avec la même capacité, elle puisse convenir pour un médiocre essaim (1) aussi bien que pour une forte colonie.

Il est entendu que le corps de ruche (fig. 1) ne représente que le siége du couvain et que, lorsque la grande miellée arrive, il devrait être agrandi par la superposition d'une ou de plusieurs petites boîtes de surplus, ou — beaucoup mieux — par une seule calotte, convenablement grande, à cadres mo-

(1) Quant aux essaims tout à fait faibles (la plupart des essaims secondaires et tertiaires, les ressaims, etc.), il est de règle de les fortifier en les réunissant (de deux, même trois n'en faire qu'un) ou bien de les rendre à la souche dont ils se sont détachés. Eleveur de reines par profession, je ne réunis jamais deux essaims quoique faibles ; mais je recueille *séparément* dans la ruchette mobile (fig. 2, k.) qui est faite exprès, même la plus petite colonie ; j'en laisse féconder la reine, que j'expédie le plus souvent à l'étranger ; puis je procède selon les circonstances.

biles (fig. 2 *f*, *l*, *k*). Le magasin à miel (*k*) est tout à fait indépendant du corps de ruche *l* ; il est sans fond, accessible par derrière, et il [peut contenir 9 petits cadres. Il peut fonctionner, alternativement, comme calotte et comme ruchette (1).

Dessus plat, trou de communication. — Une ruche ayant le dessus plat offre les avantages suivants :

a) Elle permet, comme nous l'avons vu — à la différence de celle faite à dôme — d'être surmontée d'un magasin à miel d'une forme quelconque, tant à rayons fixes qu'à cadres mobiles.

b) On peut la culbuter facilement, ce qui est très-commode quand on a quelque opération à faire.

c) On peut accoupler deux ruches entre elles tant par superposition (*calottage*) que par juxtaposition (culbutage) : deux opérations de la plus haute importance, assez fréquentes en apiculture et qu'il faut donc rendre d'une exécution facile et expéditive.

d) On peut, en cas de besoin, en entasser deux, même trois ou quatre, l'une sur l'autre, dans un endroit *sûr et bien abrité* (2).

(1) Dans ce dernier cas on n'a qu'à en déboucher la petite issue en bas de la paroi de devant, et tourner la plaque métallique (Fig. 4 *n*) afin d'intercepter toute communication entre les deux pièces.

(2) Dans ce cas le plancher de la ruche inférieure sert de tablier à la supérieure.

Il importe d'autant plus de pouvoir agglomérer les ruches (en les entassant l'une sur l'autre) que l'on a affaire à un grand nombre de ruches et que la place disponible

L'ouverture dans le plancher (fig. 4 *m*) dont le but principal est de servir à l'abeille de passage du corps de ruche (siége du couvain) au magasin à miel — est ronde et du diamètre de 10 cent. au moins, afin de mieux déterminer les abeilles à y monter à temps. Une plaque métallique, vernissée (fig. 4 *n*) — qui est fixée d'un côté au plancher au moyen d'une vis pour pouvoir la tourner — bouche et débouche l'ouverture au gré de l'apiculteur (1).

est restreinte. L'entassement des ruches — pendant la saison froide — a en tout cas le grand avantage que les colonies s'échauffent mutuellement; donc les conséquences sont : moins de mortalité, une moindre consommation de vivres et une procréation plus précoce au printemps.

(1) J'avais d'abord adopté un trou carré, que l'on bouchait au moyen d'un morceau de bois entrant exactement dans l'ouverture. Mais plusieurs raisons m'ont fait préférer cette substitution : 1° le morceau de bois, entrant dans l'ouverture et n'étant par conséquent pas fixé à la ruche, se perdait facilement, surtout dans le cas de transport; 2° les abeilles ayant l'instinct de remplir le trou de cire pour se faciliter le passage dans le magasin, on était obligé — toutes les fois que l'on voulait replacer le bouchon dans l'ouverture — d'en extraire toute la cire qu'elles y avaient édifiée. C'était là de l'ennui pour l'opérateur et une perte de temps pour l'abeille qui était obligée de renouveler chaque fois ses constructions. Il me semble avoir obvié au triple inconvénient moyennant la plaque susdite. D'ailleurs, celle-ci n'ayant que très-peu d'épaisseur, il est entendu que la superposition d'une autre ruche ou calotte n'en est nullement empêchée, l'une et l'autre étant sans fond.

Le trou de communication est placé, non au
centre du plafond, mais bien avant, vers la façade ; ceci par trois raisons : 1° parce que les
abeilles, revenant de la picorée chargées de butin,
ont ainsi moins de temps à perdre pour atteindre
le magasin, s'y décharger et se rendre de nouveau
à la campagne ; 2° parce que les abeilles ayant l'ha-
bitude d'édifier des rayons de conjonction leur servant d'échelle, entre le corps de ruche et le magasin, cette conjonction, si elle a lieu, ne peut en-
gager que les rayons de devant (près de la façade),
dont l'immobilisation momentanée n'empêche au
cunement le mouvement des cadres du centre et de
derrière, attendu que — comme il a déjà été dit — la
calotte s'ouvre du côté opposé à la façade ; 3° j'en
dis de même pour le cas — rare, mais possible — de
l'ascension de la mère dans le magasin, où sa ponte
éventuelle ne pourrait encombrer que les derniers
rayons (les plus éloignés de la porte) ; ce qui serait
tout à fait indifférent.

XIV. — RUCHES A RAYONS MOBILES ADOPTÉES PAR L'ÉCOLE TESSINOISE D'APICULTURE.

Tout praticien a au moins une idée de ce système de ruches, qui — quoique pouvant varier à
l'infini quant à la forme et aux dimensions — ont
toutes pour base la mobilité des rayons ; c'est-à-dire
qu'elles permettent à l'apiculteur d'en extraire

l'un après l'autre tous les rayons pour les replacer, à son gré, dans la même ruche ou dans une autre du même système.

Cette mobilité de l'intérieur de la ruche est d'une utilité non absolue, mais relative. Inutile ou même nuisible pour une personne inepte, elle offre au contraire de précieuses ressources au *vrai* mobiliste, c'est-à-dire à l'apiculteur instruit, expérimenté et soigneux, qui connaissant bien, *a* la nature de l'abeille, *b* les ressources locales et *c* son instrument d'exploitation (qu'il faut supposer des plus perfectionnés dans son genre), sait tirer de ses abeilles le plus de profit *possible*. En d'autres termes : la ruche à rayons mobiles, si elle est rationnellement construite et intelligemment gouvernée, est de toutes les ruches celle qui, à circonstances égales du reste (saison plus ou moins favorable, et localité plus ou moins mellifère), peut donner les meilleurs résultats.

Pour obtenir la mobilité des rayons, les uns se sont contentés d'attacher (suspendre) ceux-ci à de simples planchettes mobiles (porte-rayons), tandis que d'autres les ont encadrés de manière à les rendre complétement indépendants des parois de la ruche. Le premier système (école dzierzonienne) est moins commode mais un peu plus conforme à la nature aux instincts des abeilles) ; l'autre (école berlepschienne) est beaucoup plus favorable à l'art. Le maniement des cadres est sans comparaison plus expéditif que celui des simples planchettes : c'est évi-

dent. Aussi est-ce aux cadres que — tout considéré
— la grande majorité des apiculteurs donne la préférence.

Quant à la forme, les ruches se divisent en deux
classes. Les unes sont droites ou *verticales* (plus
hautes que longues); d'autres sont couchées ou
horizontales (plus longues que hautes). L'un et
l'autre système ont pour base : *a* une *chambre principale* — le siége de la famille et du couvain — assez spacieuse pour pouvoir loger commodément et
en tout temps une colonie populeuse et pouvant être
rétrécie à volonté selon le besoin ; *b* un espace accessoire— dépendant ou indépendant de celui-là —
pour l'*emmagasinement du miel*, lorsque l'abondance
arrive, étant compris que, comme nous l'avons déjà
remarqué, chaque localité a, de règle, ses moments de
profusion mellifère, qui, pour être convenablement
exploitée, a besoin de trouver à son arrivée, outre
une nombreuse population prête au travail, assez
d'espace disponible pour l'emmagasinement d'une
riche récolte.

On ne pourrait déterminer d'une manière absolue lequel des deux systèmes est le meilleur,
chacun ayant ses avantages distinctifs, qui le rendent alternativement préférable selon les circonstances.

Indépendamment de la forme (verticale ou horizontale) en général, les ruches à cadres peuvent
varier pour la forme et les proportions de leurs par-

ties, ainsi que pour les matériaux dont elles se composent. C'est sous ce double rapport que les différentes ruches mobiles, que l'on connaît, sont plus ou moins rationnelles, plus ou moins sanctionnées ou condamnées par l'expérience.

Quant aux matériaux, les mêmes considérations hygiéniques et techniques, qui valent pour la ruche à rayons fixes, sont également applicables à la ruche à cadres. Il s'agit avant tout, avons-nous dit, d'offrir à l'abeille une habitation commode et saine, ayant surtout la propriété de maintenir dans l'intérieur, malgré les vicissitudes atmosphériques, une température uniforme, étant compris que si le logement est confortable, les abeilles se conservent mieux, elles consomment moins, elles se multiplient plus rapidement, elles travaillent avec plus d'activité et par conséquent elles finissent par produire beaucoup plus que dans une ruche incommode ou malsaine. Sous ce rapport aucune autre matière ne saurait mieux convenir que la paille.— D'autre part il faut que la ruche à cadres soit très-solide et que ses parois intérieures soient parfaitement lisses et rectangulaires ; ce à quoi le bois se prête, sans comparaison, mieux que la paille. Tout considéré, j'ai donc dû me persuader que la même combinaison des deux matériaux, que j'ai cru adopter pour la ruche vulgaire est applicable, à plus de raison, à la ruche à cadres, vu que le bois donne à la ruche la solidité et la régularité désirables, et que la paille

lui ajoute la salubrité avec ses précieuses conséquences.

Si une capacité de 34 litres peut convenir, comme
nous avons dit, pour le corps principal de la ruche
à rayons fixes, la chambre à couvain de la ruche à
cadres demande beaucoup plus d'espace; 45 à 47
litres suffisent à peine, parce qu'une bonne partie
de cet espace — celle qui est occupée par les cadres
et les interstices ou corridors résultant entre les
cadres et la ruche — est perdue, et que dans tous
les cas l'espace de la ruche à cadre n'est jamais excessif, puisqu'il peut toujours être rétréci au gré de
l'apiculteur.

XV. — EUROPÉISME ET AMÉRICANISME.

Il est compris que, comme nous venons de l'établir, la chambre principale de la ruche à cadres
doit offrir une capacité d'environ 45-47 litres (1),

(1) Je m'empresse de remarquer que la capacité de
la chambre principale dépend, jusqu'à un certain point,
de celle du magasin. En prescrivant une contenance de
45-47 litres pour le siège du couvain, je suppose — bien
entendu — l'addition, pendant la grande miellée, d'une
calotte (à cadres) de 25 litres, ce qui porte la capacité
totale à 70-72 litres. Si la ruche était destinée à ne
recevoir que de petites boîtes de surplus ne pouvant contenir, ensemble, que 8-10 ou 12 litres, j'assignerais au
siége du couvain une capacité d'au moins 55 au lieu de
45-47 litres. Par la même raison j'ai des ruches (horizontales doubles), à deux compartiments contigus, servant

il reste à savoir quelles seront les dimensions (largeur, hauteur et profondeur) tant de la ruche que du cadre. Si l'on consulte à ce propos l'école allemande et l'école américaine, on trouve, à son grand étonnement, que les principes les plus opposés sont professés chez les deux nations ; car, tandis que les Européens — Dzierzon, Berlepsch, Dath, etc., — préconisent une largeur intérieure de 24-28 et même de 21-23 centimètres seulement (1) et, par conséquent, des cadres plus ou moins hauts, mais très-étroits, les Américains au contraire — Langstroth, Grimm, Quinby, etc., — préconisent une ruche extrêmement horizontale, avec des cadres ne mesurant en hauteur que centim. 22-24, sur 40-50 de largeur.

En présence de deux opinions complétement en opposition entre elles — dont l'autorité, par conséquent, se détruit mutuellement — que peut-on rai-

chacun pour l'élevage d'une famille d'abeilles, et de la contenance de 38 litres seulement. A l'arrivée de la grande miellée les deux colonies sont mises en communication après avoir supprimé (quelques jours avant) une des deux mères. De cette réunion il résulte, dans l'intérêt du produit, une population colossale ; et les deux chambres, dont l'une est convertie en grenier de l'autre, offrent une capacité qui ne laisse rien à désirer (elles jaugent ensemble 76 litres).

(1) Dzierzon conseille (page 71 de son traité d'apiculture. « Rationnelle Bienenzucht, 1861 ») une largeur dans œuvre de 8 à 10 pouces (centimètres 21-26 et demi) sur 45-20 pouces (centimètres 40-53) de hauteur.

sonnablement en conclure? Que tant l'une que l'autre école est plus ou moins loin du juste milieu, attendu que « *sunt certi denique fines, quos ultraque, citraque nequit consistere rectum* »; et il nous reste la tâche d'examiner, dans l'intérêt de l'art, les motifs — plus ou moins plausibles — qui ont pu les déterminer en faveur de l'un plutôt que de l'autre des deux systèmes opposés. Cet examen ne peut manquer de jeter de la lumière sur la question.

Disons d'abord, que chez Dzierzon — dont la ruche, comme nous l'avons déjà remarqué, au lieu de cadres, n'a que de simples planchettes de support, auxquelles les abeilles appendent leurs édifices, pour les continuer sans interruption jusqu'aux parois latérales de la ruche — les rayons sont effectivement plus spacieux que chez l'école berlepschienne en général, qui, en substituant des châssis aux porte-rayons, n'a pas toujours tenu compte dans la construction de la ruche, de la perte d'espace (qui est d'au moins 3 centimètres tant en largeur qu'en hauteur) que l'encadrement des bâtisses rend inévitable.

D'autre part, deux circonstances ont contribué à faire adopter à Dzierzon une ruche étroite, savoir: son vaste commerce de mères italiennes, dont il est lui-même éleveur, et sa prédilection pour sa fameuse ruche jumelle et horizontale double (*Zwillingstock* et *Doppellagerstock*). Il est hors de doute que pour l'élevage des mères, exigeant l'entretien d'un grand nombre de petites colonies, des ruches étroites (et surtout des ruchettes) concentrant mieux la chaleur que des ruches spacieuses, sont préférables à celles-ci, qui, à leur tour, conviennent mieux pour l'apiculture productive (¹). Les ruches jumelles et doubles étant destinées à être entassées (empilées), trois quatre paires l'une sur l'autre (dans le double but, fort louable, d'*occuper peu d'espace* et de *s'échauffer mutuellement*), et devant, par conséquent, avoir en longueur environ deux fois l'étendue qu'elles ont en largeur ; elles ne pourraient être élargies à volonté, attendu que pour chaque centimètre ajouté à la largeur ce serait deux centimètres que la ruche devrait gagner en longueur, afin d'en maintenir les proportions voulues. — De ce qui vient d'être dit on peut donc conclure que Dzierzon, en établissant la largeur de sa ruche, n'était pas parfaitement libre, mais qu'il avait des idées préconçues, qui lui prescrivaient, pour ainsi dire, des limites qu'il ne pouvait pas dépasser. Il est bien de le savoir.

Les Américains, à leur tour, ont été déterminés par des considérations *locales* (donc non d'une application générale) à l'adoption de leur cadre extrêmement large. Leur prédilection pour le miel en rayons fait que celui-ci est plus recherché en Amé-

(1) Dzierzon étant plus éleveur que producteur, a eu, il paraît, en établissant la largeur de ses ruches, beaucoup d'égard à l'apiculture de multiplication.

rique que du miel en tonneau. C'est ce qui a fait
imaginer une ruche très-plate, présentant une large
surface, et permettant, par conséquent, d'être surmontée de plusieurs petites boîtes de surplus, où les
abeilles sont forcées d'emmagasiner la presque to
talité de leur butin. Ce système d'exploitation, plausible avant l'invention du mello-extracteur, perdit
toute son importance, dès que l'art trouva le moyen
d'extraire le miel des rayons sans les détruire.
Langstroth lui-même reconnaît que, après l'invention de la machine Hruschka, l'apiculture américaine va subir une réforme radicale, parce que
— avec la même quantité d'abeilles — il est plus
facile de produire deux ou trois quintaux de miel
extrait qu'un seul quintal de miel en rayons, et
que, par conséquent, la production de ce dernier,
quoique étant mieux payée est moins profitable que
celle du miel extrait.

Il faut en dire autant de la mobilité du couvercle
qui est le propre des ruches à la Langstroth, et qui,
avec l'application du cadre dans le grenier, va
perdre toute l'opportunité qu'elle pouvait avoir
avant, car :

a. Tandis que les boîtes de surplus actuelles s'enlèvent pour être vendues avec leur contenu, le magasin à cadres, au contraire, tant s'il est appliqué
au-dessus de la chambre à couvain (système vertical), que s'il se trouve de côté (système horizontal) ; tant s'il est indépendant de la ruche (s'il peut

être enlevé), que s'il en constitue une partie intégrante et inséparable ; le magasin à cadres, dis-je, reste à sa place au moins jusqu'à la fin de la campagne, l'apiculteur n'ayant affaire qu'avec son contenu ;

b. Le système européen (accessibilité de côté ou par derrière tant au magasin qu'à la chambre à couvain) est aussi commode et aussi expéditif qu'on peut le désirer, si la ruche est rationellement construite (1) ;

(1) Les partisans du couvercle mobile prétendent le contraire. Ils reprochent à nos ruches surtout d'obliger l'apiculteur — pour la moindre opération — à extraire plusieurs rayons (si non tous), tandis que, avec la ruche américaine, l'enlèvement d'un ou deux cadres seulement quelquefois suffit. J'ai à ce propos des observations à faire. Disons d'abord, que 1° si la ruche est convenablement large, pas trop profonde, et si les cadres sont impropolissables, l'enlèvement de ceux-ci par derrière ne présente aucune difficulté ; 2° l'enlèvement du couvercle seulement, mettant à découvert toute la famille, irrite déjà les abeilles et expose l'opérateur à leurs piqûres plus que l'enlèvement de la porte et de quelques rayons par le derrière (outre l'impropolisabilité des cadres, je suppose — bien entendu — que la porte soit construite de manière à ne jamais s'altérer, afin de pouvoir toujours être facilement enlevée et réplacée) ; 3° le cas est bien rare de devoir enlever tous les cadres, et il dépend en grande partie de l'apiculteur de simplifier les opérations, par exemple en se servant de la ruchette qui — surtout pour l'essaimage artificiel — est fort commode, l'opérateur n'ayant alors affaire qu'avec un petit nombre de cadres d'un maniement extrêmement facile et expéditif.

c. Même pour le cas de réunion de deux colonies
la mobilité du couvercle n'est point nécessaire,
parce que l'apiculteur mobiliste compte moins sur
la mobilité de la ruche que sur celle de son contenu, et que l'addition, l'enlèvement ou la permutation des cadres s'opèrent, comme nous l'avons vu,
aussi facilement de côté que d'en haut ;

d. Adopter le couvercle mobile c'est renoncer au
grand avantage de pouvoir entasser les ruches :
ce système d'emplacement si rationnel, qui a valu
à son auteur les applaudissements bien [mérités de
l'Europe apicole, et qui a pour principe : « Économie d'espace et de chaleur ! » .

Une ruche étroite concentrant mieux la chaleur
qu'une ruche large, avons-nous dit, est préférable
à celle-ci pour l'élevage (apiculture de multiplication); et vice-versa une ruche large, offrant beaucoup
d'espace, convient mieux pour la production. La
généralité des apiculteurs étant éleveurs et produc-
teurs à la fois, et, compris d'autre part que, si les
ruches d'un apiculteur mobiliste peuvent varier
quant à la profondeur et à la hauteur, elles doivent
nécessairement avoir toutes la même largeur, afin
que les petits cadres d'une ruchette puissent (condition essentielle !) être placés dans la ruche d'exploitation ; il s'ensuit qu'une largeur moyenne de
26-28 ou (encore mieux) de 29-30 centimètres
concilie plausiblement les différentes exigences de
l'apiculture.

La hauteur et la profondeur de la ruche son subordonnées à la largeur, parce qu'il doit en résulter la capacité voulue.

Les cadres devant être placés dans la ruche parallèlement à la porte, et chaque cadre occupant 36 millimètres (dont 23-24 pour l'épaisseur du rayon et le reste pour l'intervalle vide), il en résulte que la chambre à couvain d'une ruche à cadres (système vertical) pourrait avoir les dimensions suivantes (1) :

Admettre, comme le tableau ci-contre l'indique, plusieurs ruches ayant toutes à peu près la même capacité, mais différant l'une de l'autre quant à la largeur, la hauteur et la profondeur, c'est prouver que, loin d'être exclusiviste, j'ai la persuasion qu'on peut se sauver dans toutes les religions, c'est-à-dire que quelques centimètres de différence n'empêchent pas une ruche d'être plausible et productive, l'apiculture rationnelle (on ne saurait trop le répéter) ne consistant pas seulement dans la forme de la ruche, mais aussi et surtout dans la manière intelligente de la gouverner.

Cependant je ne puis dissimuler que, tout en accordant, par esprit de conciliation, une latitude quant aux dimensions de la ruche à cadres, je ne

(1) Au corridor près de la porte sont assignés 16 millimètres de profondeur (donc 4 millimètres de surplus) afin que — quelque temps qu'il fasse — la place absolument nécessaire pour les cadres ne vienne jamais à manquer.

manque d'avoir à ce propos, comme pour le reste, mes opinions individuelles bien déterminées. Ainsi, de la même manière que j'ai manifesté ma propension a pour le CADRE, en général, plus que pour le

		HAUTEUR DANS ŒUVRE	PROFONDEUR DANS ŒUVRE	CONTENANCE	NOMBRE DES CADRES
		Centim.	Millim.	Litres.	
A Ruches ayant dans œuvre, cent. 30 de largeur.	1	34	448	45 69	12
	2	37	412	45 73	11
	3	40	376	45 12	10
B Ruches ayant dans œuvre, cent. 28 de largeur.	1	34	484	46 07	13
	2	37	448	46 41	12
	3	40	412	46 44	11
C Ruches ayant dans œuvre, cent. 26 de largeur.	1	34	520	45 96	14
	2	37	484	46 56	13
	3	40	448	46 59	12

simple porte-rayon; b pour les cadres d'un MANIE-

MENT FACILE et EXPÉDITIF (impropolisables), plutôt
que pour ceux devant être arrachés de la ruche à
force de leviers, de crochets, de pinces et de te-
nailles ; *c* pour des ruches maintenant dans l'intérieur une TEMPÉRATURE UNIFORME (celles de paille ou
empaillées) plutôt que pour celles se ressentant
de la moindre altération de l'atmosphère ; *d* pour
les ruches dont la cire est dans la juste direction,
favorisant le renouvellement de l'air intérieur (rayons
froids) plus que pour celles ayant les rayons placés
de travers, parallèlement à l'issue (rayons chauds)
et, par conséquent, en sens contraire à une bonne
aération ; *e* pour les ruches permettant d'être
TRANSPORTÉES d'une à l'autre localité, afin de pouvoir exploiter plusieurs miellées successives, plutôt
que pour celles condamnées à l'immobilité (pa-
villons) ; *f* pour les ruches pouvant être ENTASSÉES
l'une sur l'autre, plus que pour celles devant être
disséminées sur une vaste surface afin de pouvoir
en sortir les cadres par le haut ; je n'hésite à déclarer ma prédilection *g* pour UNE RUCHE UN PEU
LARGE, CONVENABLEMENT HAUTE et PEU PROFONDE, par
la raison que *h* j'aime mieux avoir affaire à UN PETIT
NOMBRE DE RAYONS SUFFISAMMENT SPACIEUX, FACILE-
MENT ACCESSIBLES et distribués en UNE SEULE RANGÉE
au moins DANS LE SIÉGE DU COUVAIN, plutôt qu'avec
une quantité de petits cadres, répartis en deux ou
trois étages. Les dimensions indiquées sub. A. 2. cons-
stituent la ruche (chambre à couvain, système ver-

tical) à qui je donne la préférence (fig. 6). Ma
ruche horizontale de prédilection a la même largeur
et la même hauteur que la verticale, mais elle est
beaucoup plus longue. Elle se compose de deux
chambres contiguës pouvant recevoir chacune neuf
cadres et ayant, par conséquent, 34 cent. de profondeur. Elles sont séparées par un diaphragme fixe,
muni au centre d'une grande ouverture de communication pour le cas de réunion des deux familles
jumelles (fig. 6). Profondeur totale dans œuvre, le
diaphragme compris, 40 cent.

Fig. 6. Ruche à cadres mobiles — système vertical — ayant dans œuvre 37 centimètres de hau-

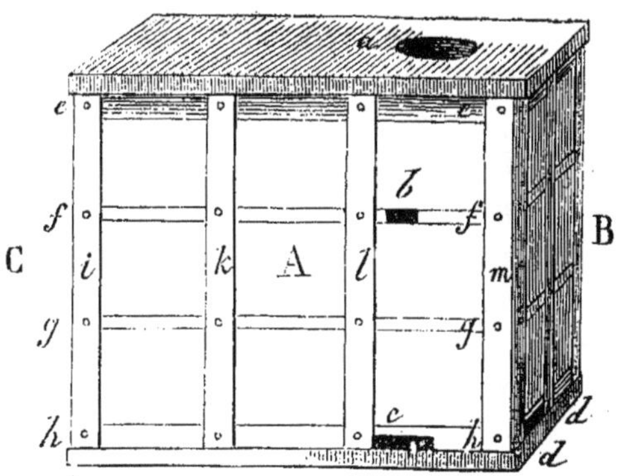

Fig. 6. Ruche verticale.

teur, 30 centimètres de largeur, et 44, 2 centimètres
de profondeur. Elle peut contenir 41 grands cadres
(fig. 10, page 72).

La ruche présente en A un de ses flancs, mesurant extérieurement environ 47 centimètres en longueur sur 37 de hauteur. Quatre listeaux (*e.. e, f.. f, g.. g, h.. h.*), allant d'une extrémité à l'autre de la paroi, y sont solidement fixés, (les côtés) *e, e* et *h, h* ont environ 2 centimètres et demi de largeur, tandis que pour les deux autres une largeur de 11-12 millimètres suffit. Leur épaisseur — servant à déterminer celle de la paille, dont les trois intervalles *e.. f, f.. g*, et *g.. h* doivent être remplis — peut varier de 2 centimètres et demi à 4 selon le besoin (1). Les quatre listeaux montants, *i, h, l, m*, dont la largeur peut être d'environ 4 centimètres sur 1 centimètre d'épaisseur servent à comprimer la paille autant qu'il le faut pour la rendre *suffisamment* compacte. Ils reçoivent chacun quatre pointes pénétrant dans les listeaux *e, f, g, h.*

b et *c*, deux issues, larges de 11-12 millimètres. Celle en bas (*c*) peut être longue de 6-7 centimètres; pour l'autre (*b*) une longueur de 4 centimètres suffit.

La description du flanc A vaut aussi pour le flanc (invisible) opposé, qui n'en diffère point. Il est donc empaillé ni plus ni moins, et il possède aussi ses deux issues (une en haut, l'autre en bas); par la raison que la ruche, quoique pouvant être emplacée isolément, est destinée à être le plus souvent accouplée

(1) Selon le climat plus ou moins rigoureux de la localité.

(fig. 9). Dans ce cas une des deux ruches jumelles a nécessairement l'issue à droite, l'autre à gauche (1).

La paroi B est couverte de paille comme les deux flancs, et elle a en bas deux ouvertures de réserve (*d, d*), dont l'une est destinée à compléter, en cas de besoin (2), les issues du flanc à droite, l'autre celles du flanc à gauche.

En C (paroi de derrière) est la porte (fig. 8, p. 70).

Le dessus a en *a* une ouverture de communication, de 10 centimètres de diamètre, pouvant être bouchée au moyen d'une plaque métallique que l'on suppose fixée dans le bois à côté du trou, au moyen d'un clou à vis (V. fig. 4 *n*, à la **page 45**).

Les planches de la ruche sont en bois léger de l'épaisseur de 20-22 millimètres seulement.

Inutile de dire que la fig. 6 ne représente que le corps de la ruche verticale, qui est complétée moyennant la superposition d'un magasin à miel (chapiteau).

Fig. 7. Ruche à cadres mobiles — système hori-

(1) Il est entendu que — de règle — pour la ruche ayant l'issue de droite, les ouvertures de la paroi opposée sont bouchées, et *vice-versa*. Je dis « *de règle* » car dans des cas exceptionnels toutes les ouvertures sont utilisées simultanément : celles de devant pour le passage des abeilles, celles de derrière pour l'aération.

(2) Dans le cas d'une forte population pendant les grandes chaleurs. En cas de transport les deux ouvertures peuvent fonctionner simultanément.

zontal — dont l'intérieur est décrit à la page 64. Sa longueur hors d'œuvre est de 73 centimètres. Même hauteur, épaisseur du bois et empaillage que pour

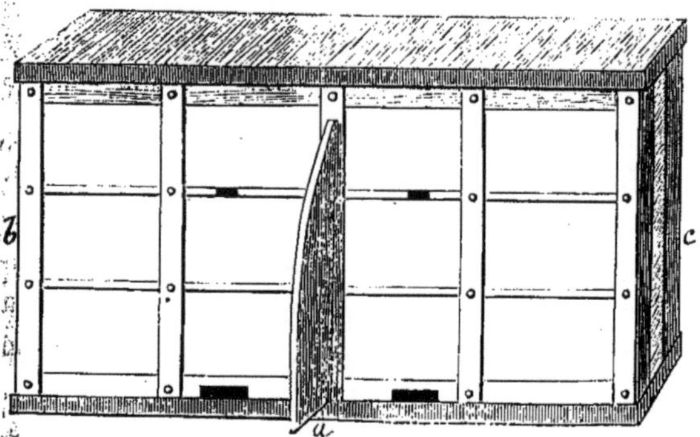

Fig. 7. Ruche horizontale.

la ruche verticale (fig. 6). Chacune des deux chambres contiguës, dont elle se compose, a deux issues, dont une (la principale) en bas et l'autre (auxiliaire) à environ deux tiers de la hauteur. Un diaphragme intérieur — planche fixe (1) de 2 centimètres d'é-

(1) Rien de plus ennuyant qu'une *planche mobile de partition*. Devant empêcher toute communication entre deux colonies contiguës, il faut qu'elle adhère le plus exactement possible aux quatre parois intérieures de la ruche, ce qui, joint à la propolisation à laquelle elle est inévitablement sujette, en rend l'enlèvement et le replacement fort pénible. Ajoutons que, malgré toute l'exactitude, tant des parois intérieures de la ruche que du diaphragme, il arrive souvent que les abeilles parviennent à se frayer un passage à travers celui-ci, ce qui donne lieu à des réu-

paisseur — sépare les deux pièces ; il est muni au centre d'un trou de communication de 10 centimètres de diamètre, pouvant être bouché ou ouvert au gré de l'apiculteur (1), selon le cas de séparation ou de réunion des deux familles jumelles. Une planche de séparation (*a*) est appliquée aussi extérieurement, afin d'empêcher les deux populations voisines, lorsqu'elles sont séparées, de confondre l'habitation, et surtout, afin de guider à leur propre case les nouvelles mères revenant de leurs excursions nuptiales.

Chaque chambre est munie (en *b* et *c*) de sa propre porte, par où elle est accessible et rendue par conséquent tout à fait indépendante.

Grâce à sa forme, cette ruche a le grand avantage de pouvoir être empilée à la Dzierzon.

Fig. 8. Porte servant tant pour la ruche horizon-

nions intempestives, qui sont loin d'être dans l'intérêt de l'apiculteur, surtout lorsque chacune des deux familles voisines possède une jeune mère vigoureuse, dont l'une est inévitablement sacrifiée. Le diaphragme fixe a en outre, à la différence du mobile, le grand avantage de rendre la ruche très-solide, de la maintenir rectangulaire et de permettr que les deux flancs soient placés en sens horizontal, ce qui n'est pas indifférent sous plusieurs rapports. — Il ne faut pas confondre, bien entendu, planche de partition avec *planche de restriction*, ce qui n'est pas la même chose (Voir plus avant).

(1) Moyennant la même plaque métallique qui est décrite à la p. 45 sub *n*. fig. 4.

tàle que pour la verticale. Elle se compose de trois
planches, dont l'intérieure (*a*) a le bois marchant
en sens horizontal, les deux autres (*b, b*), qui sont
clouées sur celle-là, sont appliquées dans le sens contraire. Celle-là a 15 milli-
mètres, celle-ci 18 millimètres d'épaisseur. En ap-
pliquant la porte, celle-là
entre dans la ruche; les
deux planches extérieures,
au contraire, en surmon-
tent les bords tant à droite
qu'à gauche; par consé-
quent la porte acquiert hors
d'œuvre une largeur de
33-34 centimètres sur 37

Fig. 8. Porte ou contrevent
mobile.

centimètres et demi-38 de hauteur, tandis que
dans œuvre, elle ne dépasse pas les 298 millimètres
en largeur et 368 millimètres en hauteur, afin de
pouvoir entrer commodément, en tout temps, dans
la ruche.

c. Ouverture d'au moins 2 centimètres de hauteur
sur 8-9 centimètres de longueur. Cette petite porte
auxiliaire dispense souvent d'ouvrir la grande porte.
Elle est fort commode surtout pour le nourrissement (1). On peut aussi s'en servir avantageuse-

______

(1) J'entends le nourrissement spéculatif ou stimulant,
qui est administré *successivement* à petites doses. — Je

ment, au besoin, pour aérer la ruche. Par exemple, en cas de transport, la ventillation n'est jamais excessive, surtout par une haute température, et si la population est forte.

Les deux pointes métalliques *d, d,* qui sont destinées à fixer la porte en bas, correspondent à deux petits trous de même diamètre, qui sont ménagés (dans la même direction) dans le fond de la ruche (1).

Fig. 9. Deux ruches verticales , surmontées chacune de son magasin à miel. Elles sont accouplées (placées deux à deux), contiguës (espèce de ruches jumelles), l'une

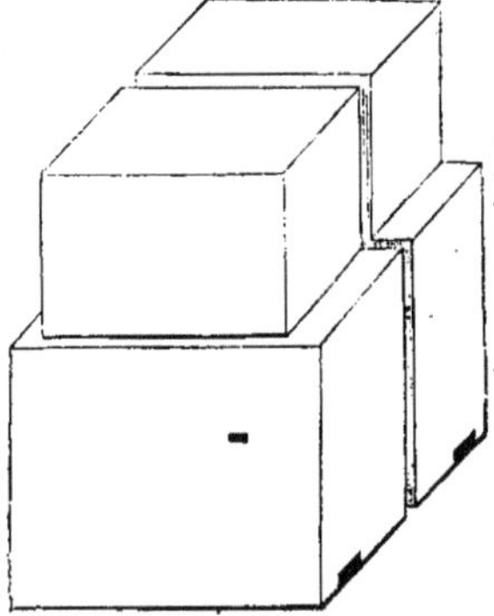

Fig. 9. Ruches verticales avec magasins.

a les issues à droite, l'autre à gauche. Le petit intervalle entre les ruches jumelles (2 centimètres) peut être garni de foin ou de mousse en hiver.

dirai, en passant, que le nourrisseur peut avoir 7-8 centimètres de largeur sur 15-20 centimètres de longueur tandis que la hauteur ne peut dépasser les 18 millimètres, afin de pouvoir l'insinuer sans difficulté, par la petite porte dans l'intervalle vide (qui est de 2 centimètres), existant entre les cadres et le fond de la ruche.

(1) Ce même principe peut être appliqué dans le sens contraire. On peut faire sortir les deux pointes du fond de la ruche pour les faire entrer dans la porte.

XVI. — LE CADRE.

Le cadre, *aa*, *bb*, fig. 10, ne mérite le titre de *mobile* qu'autant qu'il est d'UN MANIEMENT FACILE ET EXPÉDITIF. Si cette qualité est toujours fort désirable, même pour l'amateur doué de beaucoup de patience, ayant des loisirs et n'ayant affaire qu'à un petit nombre de ruches, elle l'est à beaucoup plus de

Fig. 10. — Cadre mobile.

raison pour le mobiliste professant l'apiculture sur une vaste échelle ou ne pouvant disposer que de quelques courts intervalles de temps pour les consacrer à ses abeilles. Le temps est de l'argent.

La propolisation, à quoi les cadres sont sujets, est ce qui les rend en général d'une mobilité longue et pénible. Cet inconvénient n'était autrement corrigible qu'*en réduisant au minimum possible les points d'appui et de contact des cadres dans la ruche.* A cet effet il a fallu recourir au fer. J'ai donc armé les deux extrémités du porte-rayons d'une pointe-métallique robuste (B, fig. 11), et pénétrant dans le bois à une profondeur convenable, ce qui la rend d'une solidité à toute épreuve (1). Aux oreilles primitives (à la Dzierzon et à la Berlepsch) destinées à maintenir les cadres à la distance voulue, j'ai substitué des clous en forme de T (A, fig. 11), ne présentant que peu de point de contact. Je les fixe, non dans les planchettes horizontales du cadre, mais dans les montants (la raison en est évidente).

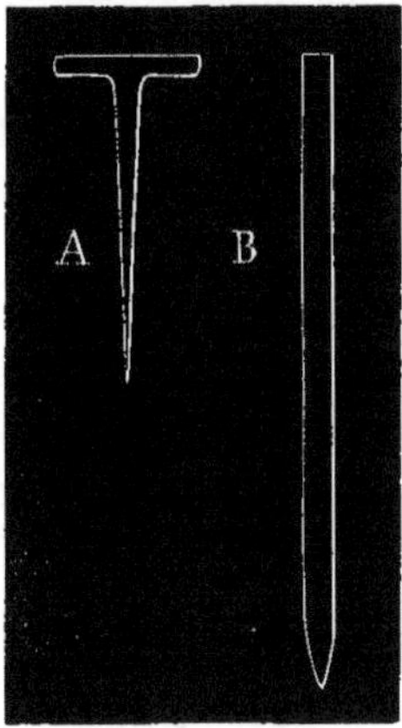

Fig. 11.— Fiche et clous.

Chacun des deux bouts de la planchette inférieure du cadre est muni aussi d'une petite pointe métallique

(1) L'expérience de plusieurs années ne laisse aucun doute sur l'opportunité de cette innovation.

(non sans tête), afin de maintenir le cadre, dans toute son étendue, à la distance voulue des parois latérales de la ruche (*b, b*, fig. 10), dans le but soit d'empêcher les abeilles de l'y propoliser, soit de ne pas y attirer la teigne, qui ne manque pas de se nicher dans tout interstice (au-dessous de 4-5 millimètres) par où l'abeille ne peut passer.

Les quatre planchettes composant le cadre peuvent avoir 22-24 millimètres de largeur (1). L'épaisseur du porte-rayons est de 12 millimètres ; pour les trois autres pièces, une épaisseur de 8 millimètres suffit.

Un intervalle de 2 centimètres est laissé en bas, entre le cadre et le fond de la ruche, tandis que soit entre le porte-rayons et le dessus, soit entre les montants et les parois latérales de la ruche, un intervalle de 8 millimètres suffit.

Il résulte des données susdites que le cadre a les dimensions suivantes :

Hors d'œuvre { largeur, centimètres 28,4.
{ hauteur — 34,2.

Dans œuvre { largeur, centimètres 26,8.
{ hauteur — 33.

(1) En laissant quelque latitude pour la largeur des planchettes, il s'ensuit que la longueur des quatre clous (*e, c, c, c*, fig. 10), qui sont destinés à maintenir l'équidistance des cadres entre eux, doit être proportionnée, de manière que le fer et le bois occupent, ensemble, l'étendue prescrite (de 36 millimètres), ni plus ni moins.

Le porte-rayons est long de 22 centimètres, les deux pointes métalliques comprises. Il entre, tant à droite qu'à gauche, dans une rainure pratiquée en haut dans les deux flancs de la ruche et lui servant d'appui. Les deux rainures] (*a, a,* fig. 10) sont distantes de 15 millimètres du dessus et elles ont 11-12 millimètres de profondeur (1).

Toutes les données susdites valent aussi pour l'intérieur de la ruchette et son petit cadre, si l'on excepte la hauteur, qui n'est que de 25 centimètres (au lieu de 37) pour la ruchette et de 22, 2 centimètres (au lieu de 34,2) pour le cadre.

XVII. — PASSER DU FIXISME AU MOBILISME. — TRANSVASEMENT D'UNE RUCHE VULGAIRE. — INSTALLATION D'UN ESSAIM DANS LA RUCHE A CADRES.

L'opération de transvaser une ruche commune, pour en reconstituer le contenu dans une ruche à cadres, est des plus difficiles et des plus dangereuses dans toute l'étendue de l'apiculture, et qui, par conséquent, n'est pas à conseiller à qui que ce soit, sous peine d'en compromettre le succès. Le transvasement d'une ruche vulgaire demande de l'intelli-

---

(1) L'intervalle de quelques millimètres résultant entre les bouts du porte-rayons et les flancs (*a, a*) de la ruche est indispensable pour le maniement des cadres. C'est par la même raison qu'un petit espace est laissé aussi en bas entre la ruche et les deux petites pointes, dont la planchette inférieure du cadre est munie (*b, b*).

gence et de l'adresse, afin d'être *bien* exécuté et *en temps opportun*. Or il n'est pas rare que des apiculteurs novices, dans leur enthousiasme pour la ruche à cadres, commettent l'imprudence d'opérer la transformation de leurs ruches à une époque de l'année où ni la température ni l'état de la colonie ne le permet.

Le printemps et l'été ont l'avantage de se prêter à cette opération mieux que la saison froide sous le rapport de la température ; par contre la présence du couvain, que la saison chaude favorise, est un embarras pour l'opérateur.

Tout considéré, Dzierzon conseille, avec raison, avant tout, de ne pas trop se hâter de supprimer les ruches communes. Hors quelques cas exceptionnels, dit-il, il est de l'intérêt de l'apiculteur de les conserver — tant qu'elles prospèrent et que les cires n'en sont pas encore bien vieilles — pour peupler de leurs essaims les nouvelles ruches que l'on veut adopter.

Si, par des raisons exceptionnelles, le transvasement doit s'effectuer pendant la saison froide (par exemple en mars), il faut employer toutes les précautions possibles pour empêcher le couvain de se refroidir, ce qui pourrait amener des conséquences désastreuses (la loque). A cet effet, il faut d'abord avoir soin d'accélérer autant que possible l'opération. Une autre bonne précaution consiste à envelopper le couvain d'une flanelle pendant qu'il reste hors

de la ruche. Je dirai en outre que j'ai pour règle de
donner le couvain non à ses propres abeilles — qui,
venant d'être violemment expulsées de chez elles,
sont dans un état de prostration qui les rend pendant quelque temps inaptes à le soigner — mais à
des colonies en état normal, et non sans la précaution de le leur distribuer en quantité proportionnée
à leur force. Les abeilles délogées aujourd'hui peuvent, à leur tour, recevoir du couvain demain, lorsqu'elles auront complétement recouvré leur norma-
lité. — Le transvasement s'opère, non à ciel ouvert,
mais dans une chambre close, ne fût-ce que pour
éviter d'attirer des abeilles pillardes. Les quelques
abeilles qui s'envolent ne sont pas perdues. Après
avoir voltigé quelque temps par la chambre, elles
finissent par se porter sur les vitres, où il est facile
de les ramasser avec les barbes d'une plume (après
les avoir aspergées d'eau fraîche) pour les unir au
reste de la colonie (1).

Il est bien d'avertir qu'en transvasant une ruche
à rayons fixes il y a inévitablement beaucoup de
déchet. Toute la cire avariée par la moisissure, la
diarrhée ou la teigne, et celle de forme anormale
ou à cellules de mâles, doit être éliminée au moins
du siége du couvain ; d'où il s'ensuit qu'il ne faut
pas moins de deux ou trois bâtisses communes pour

(1) Voir plus avant au chapitre « *comment s'emparer
de la mére d'une ruche commune* », des formes plus ou
moins applicables au transvasement.

garnir complétement de cire une ruche à cadres. C'est pourquoi les apiculteurs de métier ont soin de se trouver bien munis de cire (avec et sans miel) au début de la campagne.

Voulant définitivement se défaire des vieilles ruches, à rayons fixes, le meilleur moment pour cela est l'automne, lorsqu'il n'y a plus de couvain. On dépouille complétement la ruche, et on en utilise les abeilles pour renforcer d'autres colonies à conserver. Les plus beaux rayons sont encadrés pour compléter les vivres d'autres ruchées bien peuplées, possédant une mère vigoureuse et de belles cires, mais insuffisamment approvisionnées ; la cire vive est mise de côté pour la campagne prochaine (1). — L'essaimage, suspendant la ponte pendant quelque temps, offre la même opportunité. On opère le transvasement à cette époque, environ trois semaines après le départ ou l'enlèvement de la mère, avec ou sans abeilles. J'ai pour règle de transvaser la ruche environ 18 jours après qu'elle a essaimé naturellement, 24 jours après la sortie de la mère, 14-15 jours après lui avoir fait accepter une cellule maternelle mûre (prête à éclore). J'ai alors — dans neuf cas sur dix — l'avantage d'y trouver des œufs attes-

(1) Un apiculteur mobiliste n'envoie à la fonte que la cire dont il ne peut tirer un meilleur parti. La plus vieille bâtisse peut toujours être utilisée, ne fût-ce qu'à fournir des bandes (rayons indicateurs) de deux ou trois centimètres d'épaisseur, que l'on colle dans les cadres vides.

tant la présence et la fécondité de la nouvelle mère.
L'absence de nouvelle progéniture, jointe à un maintien anormal (alarme de la part des abeilles), accuse
la perte de la mère à l'occasion de ses excursions
nuptiales, ce qui m'épargne la peine de la chercher
inutilement parmi la population. — On peut utiliser les abeilles orphelines de plusieurs manières,
par exemple en mettant à leur place, pour le fortifier, un essaim artificiel réussi mais faible, ou bien
en créant de nouveaux petits essaims, non sans
donner à chacun, de suite, une cellule maternelle
mûre (1).

Restent à ajouter quelques observations concernant L'ARRANGEMENT DES RAYONS DANS UNE RUCHE A
CADRES, lesquelles observations, si elles ne sont pas
nécessaires pour l'apiculteur expérimenté, ne sont
pas superflues pour le novice.

1° C'est au fond de la ruche — à l'extrémité la
plus éloignée de la porte — que la colonie est le plus
à son aise, et où elle va instinctivement s'installer,
soit parce qu'elle peut mieux y concentrer sa chaleur, soit parce que la ruche y est munie d'ouvertures permettant aux abeilles de sortir et donnant
accès à l'air extérieur. C'est donc là que la bâtisse

(1) Si on veut s'en servir pour créer une colonie de pure
race italienne, l'occasion ne pourrait être plus propice pour
la présentation d'une mère étrangère, qui dans ce cas est
acceptée 99 fois sur 100, même sans la précaution de l'emprisonnement préalable (voir plus avant).

artificielle doit commencer, pour être continuée par les abeilles dans la direction de la porte.

2° A l'époque de l'essaimage, la nature étant favorable à la sécrétion de la cire, un essaim, tant naturel qu'artificiel, peut être installé dans une ruche garnie de deux ou trois rayons seulement, ou même dans une ruche vide (1).

3° Plus l'installation de la colonie est précoce (*avant* l'époque ordinaire de l'essaimage naturel), plus il importe que les constructions cirières de la nouvelle habitation soient, sinon complètes, du moins suffisantes et suffisamment garnies de vivres pour le besoin du moment. (Que les cires et les vivres soient donc proportionnés à la force de la population et à l'étendue journalière de la ponte !). J'en dis autant pour le cas d'une installation tardive (*après* l'époque ordinaire de l'essaimage naturel, par exemple, en juillet), lorsque, de règle, la grande miellée et, par conséquent, la saison la plus favorable tant pour la sécrétion de la cire que pour la récolte, est passée. Il ne suffit pas, en été, de doter la nouvelle colonie de quelques rayons de cire vides et de rayons indicateurs, mais il faut songer à suppléer artificiellement à l'insuffisance de la nature (2). Les localités offrant

(1) Les mobilistes entendent par *ruche vide* une ruche garnie de cadres munis de rayons indicateurs.

(2) A une époque de l'année un peu avancée, il faut que l'apiculteur ne fournisse pas moins de six à sept rayons complets, plus ou moins garnis de vivres, se réservant de

de riches ressources en arrière-saison peuvent faire
exception à cette règle générale quant aux vivres,
mais toujours l'apiculteur a-t-il un grand intérêt de
garnir la ruche d'une abondante bâtisse vide, lorsqu'il y a encore la possibilité d'une riche récolte de
miel.

4° Si c'est en automne que l'on peut disposer d'une
famille d'abeilles (par exemple **une colonie italienne
directement importée**) pour en peupler une ruche à
cadres, on fait bien de lui destiner une bâtisse *naturelle*, par exemple une ruche suffisamment approvisionnée, dont la population anormale (orpheline) vient de déserter ou d'en être chassée ; car
alors on peut être sûr que la nouvelle colonie va se
trouver parfaitement à son aise pendant l'hiver. On
peut bien, à cette époque aussi, composer artificiellement l'édifice des abeilles ; mais alors il faut beau·
coup d'intelligence de la part de l'apiculteur pour
que tout soit dans une juste proportion et convenablement distribué dans la ruche (par exemple que
les vivres ne soient pas mis à la place que doit occuper la cire vide, et *vice versâ*).

5° Les abeilles prolongent ordinairement leurs
rayons non uniformément mais d'une manière progressive, car on voit, en examinant l'intérieur de la
ruche quelques semaines après l'installation de l'es-

compléter les provisions hivernales, si besoin existe, à la
fin de la campagne.

saim, que les premiers rayons (les plus proches de la porte) sont beaucoup plus courts que les autres, qui, à mesure qu'on pénètre dans l'intérieur de la ruche, deviennent *progressivement* plus longs. Il faut donc imiter les abeilles lorsqu'on garnit la ruche de cires, si celles-ci sont de différentes grandeurs.

6° Des bouts de rayons indicateurs se collent au-dessous du porte-rayon moyennant de la cire fondue ou de la gomme dissoute dans de l'eau tiède, etc. (1). Mais les morceaux de rayon ayant quelque peu d'étendue peuvent ne pas tenir suffisamment, parce que du miel y est emmagasiné avant que les abeilles les aient solidement fixés. On les consolide par une mince planchette maintenue au moyen de deux gros fils, qu'on croise en dessous en les serrant (fig. 12). Par ce moyen, on peut garnir des cadres entiers.

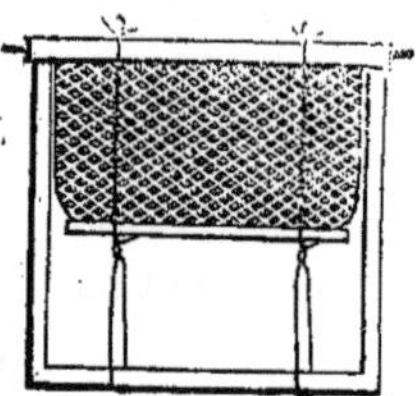

Fig. 12. Cadre garni.

On peut même encadrer des rayons remplis de couvain ou de miel, sans crainte de les voir tomber ou se renverser. Après avoir fixé le rayon, les abeilles rongent le fil et finissent par le transporter dehors. On les aide au besoin (2). Il est entendu que la planchette postiche soutenant le rayon

(1) Des apiculteurs préfèrent la colle forte des menuisiers. *La Réd.*

(2) H. Hamet, à la page 180 de son *Cours pratique d'apiculture*, 4ᵉ édit. Paris, 1874.

doit être aussi enlevée au plus tôt pour que les abeilles puissent continuer sans retard la construction de la cire. On peut, à l'aide du fil, unir deux (même trois ou quatre) morceaux de rayon dans le même cadre.

7° Un essaim (naturel ou artificiel) déserte quelquefois la ruche le lendemain ou surlendemain de son installation. On peut prévenir cette désertion en donnant à la colonie un cadre contenant du couvain, dont au moins une partie non operculé ; ce qui a en outre le double avantage de stimuler l'activité des abeilles et de leur fournir le moyen de se créer une mère supplétive pour le cas où celle de l'essaim serait encore inféconde (essaim secondaire) ou qu'elle se perde en sortant pour la fécondation. Inutile de dire que le couvain se place au centre du groupe des abeilles, où — quelque temps qu'il fasse — il est hors de danger d'être abandonné et de se refroidir.

8° Le mobilisme offre — à la différence du fixisme — le grand avantage qu'on peut restreindre ou agrandir l'espace de la ruche à mesure du besoin (de la température et de la force de la colonie), au moyen d'une paroi mobile (planche *de restriction*) que l'on insinue dans la ruche pour en réduire l'espace intérieur à la capacité voulue. Par conséquent un petit essaim artificiel d'une livre ou deux d'abeilles peut, grâce à la planche de restriction, concentrer sa chaleur dans une ruche spacieuse à cadres

— même à une époque de l'année où il fait encore
froid (avril), aussi bien que le pourrait une colonie
de quatre ou cinq livres occupant toute la chambre.
— Au lieu d'une planche (qui étant sujette à se propoliser, n'est d'un maniement ni facile ni expéditif)
je me sers avantageusement d'un cadre, que je remplis de paille coupée parfaitement de la longueur
du cadre dans œuvre. Il en résulte une paroi de paille
de l'épaisseur de 2 centimètres 1/2 environ, que des
planchettes transversales consolident (fig. 13); de
simples baguettes fen-
dues peuvent rempla-
cer les planchettes.
L'intervalle vide ré-
sultant tout autour
entre le cadre de res-
triction et la ruche,
peut-être rempli de
mousse tant que la sai-
son est encore froide;
mais dès que la tem-
pérature commence à

Fig. 13. Cadre de restriction.

s'échauffer, le cadre empaillé suffit; — les mêmes raisons hygiéniques. qui parlent en faveur d'un cadre
empaillé, font désapprouver l'introduction dans la
ruche de ces diaphragmes vitrés qui sont le propre
des ruches dites d'observation ou de curiosité. Le
verre étant une matière compacte (peu poreuse) a
précisément les propriétés contraires à celles si jus-

tement appréciées de la paille : il retient l'humidité et il laisse échapper la chaleur.

XVIII. — COMMENT L'APICULTEUR PEUT-IL CONTRIBUER A AUGMENTER LE PRODUIT DE SES RUCHES (1)?

« On atteint ce but, dit Dzierzon, en suivant les deux règles générales : 1° EXCITER LES ABEILLES A RÉCOLTER LE PLUS POSSIBLE ; 2° FAIRE EN SORTE QU'ELLES CONSOMMENT DE LEUR BUTIN LE MOINS QU'IL SOIT POSSIBLE (2). »

Que l'apiculteur doit tâcher, avant tout, d'avoir des ruchées suffisamment populeuses pour l'époque de la grande miellée (3) — qui arrive partout tôt ou tard selon la diversité du climat et de la flore locale — c'est ce qui a déjà été démontré et qu'il serait inutile de répéter. Il s'agit maintenant de savoir *quels sont le moyens de stimuler l'activité des abeilles ayant déjà des dispositions aux travaux extérieurs* (pour la récolte) (4).

Tout apiculteur observateur a pu constater que, parmi un certain nombre de ruchées, il y en a

(1) Voir page 75, chapitre XVII.

(2) Rationnelle Bienenzucht, 1861, p. 214.

(3) On y parvient moyennant un bon hivernage des colonies, un nourrissement rationnel au printemps, l'essaimage artificiel, etc.

(4) C'est une des importantes questions qui viennent d'être traitées au dernier congrès général des apiculteurs allemands (septembre 1874).

presque toujours qui — même par un temps favorable — ne déploient pas ce degré d'activité qui serait à désirer. Or comme il est dans l'intérêt de
l'apiculteur que toutes ses colonies, sans exception
— surtout si c'est pendant la grande miellée —
travaillent le plus possible; il importe de connaître
quels sont les obstacles, qui peuvent empêcher une
colonie de s'adonner au travail avec la même ardeur
que les populations voisines, et les moyens d'y remédier. Voyons :

A. Une colonie peut avoir perdu irréparablement
sa mère, ou ne posséder qu'une reine anormale
(stérile ou bourdonneuse). — Il faut remplacer la
mère perdue ou défectueuse par une bonne mère
normale, sinon réunir.

B. Une ruche normale, du reste, peut être plus ou
moins envahie par la teigne. — Il n'est pas difficile
de l'en délivrer avec la ruche à cadres. Si le mal est
trop avancé, il n'y a que le transvasement de la colonie ou l'élimination des cadres les plus attaqués.
Des cires en bon état, mais envahies par la teigne,
peuvent être données à de fortes populations, qui
se chargeront de la besogne.

C. Une colonie peut avoir trop d'espace ou trop
d'air. — Proportionner l'un et l'autre à la force de
la population ainsi qu'à la température extérieure,
afin que les abeilles puissent se trouver dans un air
ambiant convenable.

D. Une population peut avoir peu d'espace. — On

peut donner aux abeilles plus de place, soit en agrandissant la chambre à couvain, soit en donnant accès à une pièce accessoire (grenier) selon les circonstances ; ou bien on peut faire place en enlevant des cadres (contenant du miel ou du couvain) dont on peut se servir pour fortifier des populations faibles ou créer de nouvelles colonies (Voir essaimage artificiel).

E. Une colonie peut être condamnée à l'inaction à cause de la chaleur excessive dans l'intérieur de la ruche. — Ombrager, aérer, agrandir l'espace à mesure du besoin.

F. Une colonie peut manquer de place pour l'emmagasinement du miel et du pollen. — On recourt à l'extracteur.

G. Les cires peuvent être excessives ou défectueuses (trop âgées, contenant trop de cellules à bourdons, ou endommagées par les souris, la moisissure, etc.). — On remplace au moins les rayons les plus détériorés, *non sans laiss r aux abeilles le plaisir d'en construire de nouveaux*. Les beilles sentent vivement, surtout à l'arrivée de la grande miellée, l'instinct d'édifier de nouvelles constructions cirières. Les contrarier sur ce point c'est agir contre l'intérêt de l'apiculteur. « J'ai trouvé, dit Graven-
» horst, que les essaims auxquels j'ôtais toute occa-
» sion de bâtir en les installant dans des habitations
» complétement garnies de cire, » déployaient —
» comparativement — moins d'activité que ceux à

» qui je laissais un peu de vide, qu'ils s'empressaient
» de remplir de constructions nouvelles (surtout
par un temps propice) avec une ardeur admirable.»
Cette observation de l'éminent apiculteur allemand
est d'une haute importance : elle concorde avec les
expérience de l'abbé Collin (l'apiculteur lorrain) qui
trouva que la création de la cire est, en général, loin
de nous coûter aussi cher qu'on le prétend (10-20
livres de miel pour une livre de cire). La cire coûte
cher, il est vrai ; mais c'est à l'abeille plus qu'à la
bourse de l'apiculteur qu'elle coûte, car « LE MIEL
» QUE LES ABEILLES CONSOMMENT POUR PRODUIRE LA CIRE
» EST COMPENSÉ » — disent Gravenhorst, Dzierzon
» et d'autres — PAR LE PLUS D'ACTIVITÉ QU'ELLES DÉ-
» PLOIENT EN COMPARAISON DES COLONIES N'AYANT POINT
» DE CIRE A BATIR ». Mon avis est que la cire coûte
plus ou moins cher selon les circonstances. En la
faisant produire progressivement un peu avant et
un peu pendant la grande miellée, elle coûte moins
cher qu'à une colonie que l'on installe dans une
ruche complétement vide à l'arrivée de l'abondance,
car dans ce cas il faut tenir compte du miel que les
abeilles pourraient ramasser, si elles possédaient au
moins un ou deux pieds carrés de cire vide, et qui
est malheureusement perdu, faute de cellules prêtes
à le recevoir. C'est ce qui arrive bien souvent aux
apiculteurs suivant la routine traditionnelle.

H. Une ruchée possédant beaucoup de couvain,
et étant par |conséquent obligée de retenir au logis

un nombre de couveuses en proportion envoie à la récolte — comparativement — une moindre quantité de butineuses qu'une autre famille ayant moins de couvain à soigner. C'est ce qui a fait imaginer à l'école Dzierzonienne d'emprisonner et même d'éliminer la mère pendant la principale récolte, afin de suspendre la ponte dans l'intérêt du produit. Mais l'expérience a condamné ces mesures peu rationnelles. On atteint beaucoup mieux son but, comme il a déjà été dit, par la réunion de deux colonies contiguës, dont l'une est rendue orpheline quelques jours avant. Par ce procédé on fait place pour le miel dans la case qui vient de perdre sa mère: la présence de l'autre mère suffit pour conserver à la colonie toute son énergie; le besoin de nourricières va toujours en diminuant, et vice-versa le nombre des butineuses s'accroît tous les jours, grâce à l'éclosion journalière du nombreux couvain des deux populations réunies; la procréation n'étant pas suspendue et les vieilles butineuses qui succombent étant incessamment remplacées par de jeunes abeilles venant d'éclore, la ruchée ne se dépeuple pas, ni la famille ne vieillit; par conséquent l'avenir de la colonie n'est point compromis. Les procédés dzierzoniens en question pourraient tout au plus se justifier dans le cas de ruchées à supprimer, car alors il s'agirait d'abeilles n'ayant, après la récolte, aucune destination ultérieure. Hors ce cas, la suspension de la ponte est irrationnelle.

I. Une localité peut manquer de ressources mellifères, pendant qu'une autre, plus ou moins distante, est peut-être dans sa période la plus productive. Si la distance n'est que d'un ou de deux kilomètres, les abeilles de la localité devenue stérile, toujours avides de butin, ne manquent pas d'aller exploiter celle où règne l'abondance. Si l'on voit des colonies ne travaillant pas avec la même ardeur que d'autres ruchées voisines, c'est qu'elles n'ont pas encore découvert la nouvelle source mellifère. On leur projette du miel liquide (de l'eau miellée), qui les surexcite, les fait sortir et les détermine par conséquent à suivre les abeilles des autres ruchées. Si, au contraire, la localité mellifère est distante de plusieurs kilomètres, il n'y a qu'à y transporter les colonies (apiculture pastorale ou ambulante).

K. Un excès de population (*Uebervœlkerung*) est considéré chez les Allemands comme une des causes dont peut dépendre le relâchement du zèle des abeilles. « Pour qu'une colonie puisse déployer sans » cesse toutes ses forces, disait dernièrement Gra-» venhorst en parlant en présence et au nom de la » grande assemblée apicole de l'Allemagne, il faut » que la force de la population ne dépasse pas cer-» taines limites au-delà desquelles les abeilles ne » travaillent plus avec l'ardeur désirable. Quand » une colonie est excessivement populeuse, on ne » saurait mieux faire que d'imiter Dzierzon. Il en-» lève les barbes des ruchées regorgeant d'abeilles,

» et avec cette exubérance des populations trop
» fortes, il crée une nouvelle famille (à laquelle
» il donne le plus souvent une mère féconde), et il
» la transporte sur un rucher assez éloigné pour que
» les abeilles ne puissent faire retour à la ruche
» natale. Ceux qui n'aiment pas ce procédé, ou qui
» manquent d'un rucher auxiliaire, peuvent at-
» teindre leur but en enlevant aux colonies exces-
» sivement fortes quelques cadres remplis de cou-
» vain pour les donner à d'autres familles moins
» populeuses. On aura le plaisir de voir ces ruchées
» — réduites de cette manière à une force normale
» — déployer dorénavant beaucoup plus d'ac-
» tivité (1). » Berlepsch aussi est parfaitement de
cet avis. Il dit dans son traité d'apiculture avoir
constaté qu'une population n'ayant qu'un poids de
sept livres (environ 35,000 abeilles) travaille, comparativement, plus qu'une famille plus forte.

Je cite cette manière de voir des apiculteurs allemands, moins pour l'appuyer (au contraire), que
pour la soumettre, dans l'intérêt de l'art, à l'appréciation des apiculteurs français. Ce qui est certain
c'est que l'opinion des apiculteurs allemands est
contraire à celle de beaucoup d'autres apiculteurs
— surtout américains — qui sont de l'avis que, à
l'époque de la grande miellée, une population, bien

(1) *Bienenzeitung* (Organe des Vereins deutscher Bienenwirthe). Eichstadt, 15, déc. 1874, n° 23, p. 293.

que colossale (par exemple de 50-70,000 abeilles)
n'est jamais excessive; c'est-à-dire que 20-25 livres
d'abeilles donnent plus de profit si elles sont amas-
sées dans deux ruches seulement, que si elles étaient
réparties, comme Berlepsch le voudrait, dans trois
ou quatre ruches moins colossales. La question est
de la plus haute importance pour l'apiculture d'exploitation.

Je crois que l'observation des Allemands est rela-
tivement juste. Elle est basée sur la construction défectueuse de leurs ruches, qui étant trop petites (surtout trop étroites) et peut-être insuffisamment aérées,
ne peuvent offrir une habitation confortable qu'à
une médiocre famille d'abeilles, et elles deviennent
par conséquent inhabitables dès que la population
a atteint une certaine force. Mais j'ai la conviction
que si, lorsqu'une ruche à la Gravenhorst, à la Berlepsch, ou une ruche jumelle de Dzierzon regorge
d'abeilles, on pouvait l'élargir (en éloignant l'une
de l'autre les deux parois latérales) de 7-8 centimètres, et par conséquent en agrandir les cadres de
30-35 0/0 (dans le sens de la largeur), non sans augmenter, s'il le faut, l'aération intérieure, MM. Gravenhorst, Berlepsch et compagnie s'apercevraient
de leur erreur. Ils trouveraient, très-vraisemblable-
ment, qu'une famille d'abeilles dépassant les 3 ki-
logr. et demi est loin d'être inadmissible, pourvu
que l'habitation soit spacieuse et aérée en proportion.

L. L'amélioration de la race des abeilles (en substituant par exemple l'abeille jaune ou italienne à
l'espèce commune ou grise) est considérée par la
généralité des connaisseurs tant européens qu'américains comme un moyen efficace d'augmenter le
produit des ruchées. La supériorité de l'abeille italienne ayant déjà été suffisamment démontrée à l'appui de nombreux témoignages de tous les pays, et
l'opinion publique, basée sur l'expérience, devenant
toujours plus favorable à l'abeille jaune, je crois pouvoir me dispenser d'entrer ici dans de nouveaux
détails à ce propos.

Nous venons d'examiner ce qui peut contribuer en
faveur d'une riche récolte. Voyons maintenant comment empêcher les abeilles de consommer inutilement du miel récolté.

A. Il faut avant tout, limiter au minimum possible la génération des faux-bourdons, de ces misérables parasites, dont — surtout s'il y a d'autres
ruches dans le voisinage — un bien petit nombre
suffit pour la tâche qu'ils ont à remplir.

B. Il faut empêcher la création d'ouvrières inutiles. « Le couvain, dit Dzierzon, coûte beaucoup de
» miel. Que la nourriture des larves se compose,
» ou non, de plus de pollen que de miel, n'importe.
» Ce couvain coûte toujours le miel que les abeilles
» pourraient ramasser pendant qu'elles récoltent du
» pollen. Il coûte le miel que des milliers d'ouvrières
» récolteraient, si elles n'étaient pas retenues au logis

» par les soins que le couvain réclame. Il faut donc,
» outre restreindre autant que possible la généra-
» tion des faux-bourdons, savoir limiter, à son temps,
» même la ponte des ouvrières, retenu qu'il n'est
» point rationnel de laisser créer, au grand détri-
» ment du miel récolté et à récolter, des abeilles qui
» ne peuvent plus être utiles. » (Voir ce qui a été dit
précédemment, à ce propos, au chapitre Réunions
d'été.)

C. Il y a du miel commun (de bruyère, de sarrasin, etc.), ne valant que 80-90 centimes le kilog.,
et il y a du miel fin pouvant être vendu à 2-3 francs
le kil. La Suisse italienne produit ou peut produire
l'une et l'autre qualité : le miel ordinaire dans la
plaine, le fin à la montagne. Les apiculteurs rationnels, se trouvant dans un cas analogue, enlèvent aux
ruches, en été, la presque totalité du miel fin venant
d'être récolté (supposons du miel de sainfoin, de
trèfle blanc, de tilleul, etc.), se réservant à compléter les vivres des colonies avant l'hiver, avec du miel
à bas prix ou du sucre, dans le cas où les abeilles
ne réussiraient pas à récolter de suffisantes provisions sur la bruyère et le sarrasin.

D. Un dernier moyen de faire économiser par les
abeilles le miel récolté consiste à les hiverner de
manière qu'elles puissent traverser la saison hivernale dans la tranquillité la plus parfaite que possible
(donc, sans être inquiétées ni par le froid, ni par
l'humidité, ni par des courants d'air excessifs, ni

par le défaut d'aération, ni par des secousses, ni par les souris, etc.). On peut retenir que la consommation de deux colonies également populeuses et placées dans la même localité, depuis octobre jusqu'en mars (donc, pendant environ cinq mois, qui est la durée moyenne de la saison hivernale), peut varier de 2-3, même quatre ou cinq livres par ruche selon les bonnes ou mauvaises conditions d'hivernage, et — *nota bene* — sans aucun profit pour la colonie, qui aura consommé davantage (au contraire). C'est pourquoi les apiculteurs de tous les pays sont d'accord en ceci, qu'un bon hivernage des abeilles **est un point capital de l'apiculture rationnelle.**

XIX. — ESSAIMAGE ARTIFICIEL. — PRÉSENTATION D'UNE MÈRE ITALIENNE A UNE FAMILLE D'ABEILLES INDIGÈNES.

L'essaimage naturel laisse beaucoup à désirer, — *a.* Les ruches s'épuisent quelquefois par une multiplication disproportionnée et inopportune; et *vice-versa*, elles s'obstinent souvent à ne pas donner d'essaims, malgré que leur état prospère et la saison favorable le permettent. Ou bien leur apparition a lieu à une époque trop avancée, où, de règle, ils n'ont plus le temps de prospérer. — *b.* **Dans tous les cas l'essaimage naturel oblige l'apiculteur à une longue surveillance.** — *c.* La récolte d'un essaim à la cime d'un arbre est bien souvent une opération **longue, pénible et dangereuse.** — *d.* **Le voisin n'est pas toujours un ami plein de complaisance, prêt à** tolérer patiemment les dégâts que la récolte d'un essaim rend inévitables soit à l'herbe, soit aux arbres fruitiers, etc. S'il possède aussi des abeilles, l'apparition d'un essaim non surveillé peut donner lieu à de fâcheuses contestations. — *e*. L'essaim naturel, émigration en masse, de la presque totalité des abeilles adultes, est un dépeuplement excessif de la ruche mère à une époque où celle-ci est pleine de couvain, dont une partie, si une recrudescence atmosphérique survient, court risque de manquer de la chaleur nécessaire et, par conséquent, d'avorter. — *f*. L'essaim naturel, se composant exclusivement d'abeilles adultes et le plus souvent d'une mère féconde, aurait besoin de trouver des constructions cirières prêtes à recevoir soit les œufs de la mère, soit le miel que la nature offre, quelquefois abondamment, à l'époque de l'essaimage. Au contraire, il est placé (apiculture traditionnelle) dans une ruche vide, où les abeilles sont obligées de perdre un temps précieux à construire une nouvelle bâtisse, se composant, le plus souvent, en grande partie de cellules de mâles. Par contre, la souche, qui va posséder une *nouvelle* mère, et serait par conséquent disposée à construire de beaux rayons à cellules d'ouvrières, est privée de l'avantage de bâtir et, à moins que le couteau de l'apiculteur intelligent n'intervienne, elle est condamnée à conserver ses vieilles constructions. — *g*. La nouvelle mère soit d'une souche qui vient d'essaimer, soit d'un essaim secondaire est sujette à périr à l'occasion de ses excursions nuptiales, qui ont lieu quelques jours après son éclosion; si le pauvre insecte succombe dans ce moment suprême, sa perte est irréparable. La colonie, manquant de ressources (de jeune couvain d'ouvrières) pour récouvrer la mère, est inévitablement condamnée à s'éteindre.

Or, l'art apicole se charge d'obvier ou de remédier à tous les inconvénients que nous venons de signaler.

Supposons un apiculteur possédant quelques ruches à rayons mobiles qui viennent de traverser passablement bien l'hiver et qu'il voudrait doubler ou même tripler, si possible. Il commence par stimuler, sans interruption depuis le commencement d'avril jusqu'à l'arrivée de la grande miellée (1), la ponte des mères, afin de rendre ses colonies aussi populeuses que possible, avant l'époque ordinaire. Il administre, à cet effet, à chaque ruchée, vers le soir, 100 à 200 grammes de miel (2) allongé d'un tiers ou un quart d'eau. Grâce à ce nourrissement spéculatif, il finit par posséder au bout de quatre à six semaines, des ruchées passablement populeuses.

C'est le moment de procéder à la multiplication artificielle.

(1) Un peu plus tôt ou plus tard selon la localité et la saison plus ou moins précoces.

(2) Plus ou moins, selon que la ruche est ou non garnie de ses provisions normales.

7

Pour la formation de chaque essaim on met à contribution deux ou trois ruches, qui nous fournissent ensemble quelques cadres couverts d'abeilles, dont un, contenant du couvain operculé (1). De jeunes abeilles étant préférables, on choisit pour l'opération une heure de la journée où les adultes sont en masse à la campagne (par exemple entre 8 heures et midi). Ces quelques cadres sont installés dans une ruche vide, que l'on transporte jusqu'au lendemain dans une pièce parfaitement obscure et tranquille (par exemple une cave). On a soin que la petite famille prisonnière ne manque ni de vivres, ni d'eau, ni d'air (2). Avant ou pendant cette réclusion on lui donne une mère féconde et vigoureuse, si on peut en disposer. On la présente sur un rayon du centre, au milieu du groupe des abeilles, protégée par un couvercle métallique.

Le lendemain matin (donc après 20-24 heures de réclusion) on transporte la nouvelle colonie au rucher. Une partie des abeilles, les plus âgées, vont sortir pour ne plus revenir : elles font retour à leur ruche natale. Tant mieux! la famille perd un peu de sa population, mais l'acceptation de la mère prisonnière, de la part des jeunes abeilles qui restent n'en est que d'autant plus garantie.

(1) Une livre d'abeilles suffit.

(2) Si la température est basse on rétrécit l'espace, au moyen d'une planche de partition, afin de concentrer la chaleur des abeilles.

Vers midi, ou dans l'après-midi, on inspecte
l'intérieur de la ruche. On examine le maintien
des abeilles afin d'en interpréter les intentions. Si
l'on voit qu'elles se montrent favorablement disposées envers la mère prisonnière, on donne la liberté
à celle-ci, non sans la précaution d'asperger mère
et abeilles d'eau miellée ou sucrée, ce qui a pour
effet d'en *neutraliser l'odeur* et de rendre les abeilles
de *bonne humeur* (1). La nouvelle venue est bien
accueillie dans 99 cas sur 100.

Rien de plus facile, pour un œil un peu exercé,
que de distinguer l'abeille hostile de l'abeille bien-
veillante. Si l'apiculteur trouve que les abeilles ont
un air suspect ou même menaçant, il n'a qu'à replacer la mère sous le couvercle jusqu'au lendemain.

La mère étant acceptée, l'essaim peut être considéré comme réussi. Dès ce moment, on fortifie successivement la petite famille par l'addition — réi-
térée tous les 6-8 jours — d'un cadre rempli de
couvain, et on la nourrit généreusement afin de stimuler la ponte de la mère. On finit par obtenir au
bout de quelques semaines une puissante colonie.

Faute de mères disponibles pour l'essaim, il faudrait pouvoir lui donner une cellule maternelle
prête à éclore, afin de gagner environ 8-10 si non

(1) C'est une règle d'une application générale en apiculture : le miel est un bon conciliateur.

21-24 jours. On la présente à l'essaim 24-30 heures après sa formation; pas avant. Quelques jours après, on constate si elle est acceptée et éclose, afin de savoir à quoi s'en tenir.

Considérations sur l'essaimage.

A. Je trouve l'essaimage artificiel indispensable sous le double rapport du renouvellement des mères et de l'empêchement de l'essaimage naturel, même dans le cas d'un apiculteur qui, ayant atteint avec ses colonies le nombre voulu, sans l'intention de le dépasser, ne viserait qu'à produire du miel (apiculture d'exploitation). Pour peu que la période mellifère soit prolongée ou tardive, il y a toujours intérêt à multiplier de bonne heure le nombre des mères, afin d'en obtenir beaucoup d'ouvrières prêtes au travail pour l'époque de la miellée. Lorsque la clôture de la campagne approche (quelques semaines avant) on supprime les mères surannées, qui n'ont plus de raison d'être; on opère des grandes réunions et on finit par produire beaucoup. Rester avec le nombre de ruches prescrit, avoir empêché la multiplication naturelle, tout en rajeunissant successivement dans l'intérêt de l'année suivante tant les mères que les cires, c'est là, selon moi, faire de l'apiculture rationnelle; mais alors il faut que la forme de la ruche s'y prête (1).

(1) Qu'elle soit de nature à permettre et faciliter tant la

B. En mettant à contribution, pour la formation
d'un essaim, plusieurs ruches mères au lieu d'une
seule, outre que l'on peut commencer de bonne
heure — bien avant l'époque ordinaire de l'essaimage
naturel — on a l'avantage de ne pas exténuer les
souches, dont la population a bientôt réparé la perte
de deux ou trois milliers d'abeilles, et peut, par conséquent, subir peu de jours après, s'il le faut, une
nouvelle perte (et ainsi de suite), soit pour la formation progressive de nouvelles familles, soit pour fortifier celles que l'on possède.

C. Il est bien de noter le jour approximatif de la
fécondation d'une jeune mère (le septième ou hui-
tième depuis son éclosion de la cellule maternelle),
afin de fortifier de suite la petite famille dans le
cas d'un heureux retour de la jeune femelle de ses
excursions aériennes, et de remédier au mal sans
délai si elle a eu le malheur de s'égarer.

*Considérations concernant la présentation d'une mère
étrangère.*

A. La condition essentielle, capitale, pour espérer
qu'une mère, de n'importe quelle espèce, soit bien
accueillie par une famille d'abeilles qui lui est étrangère, est que celle-ci soit réellement orpheline. Je
dis *réellement,* parce qu'il peut arriver qu'une ruche
possède, à l'insu de l'apiculteur, une mère infé-

multiplication que la réunion des colonies, à mesure du
besoin.

cónde ou des ouvrières pondeuses. Dans l'un comme dans l'autre cas, l'acceptation de la mère introduite serait problématique.

B. Une ruche dont l'orphelinat date depuis long-temps (par exemple lorsque la mère a péri pendant l'hiver), doit être considérée comme suspecte : il faut l'examiner bien attentivement. — Dans tous les cas, des abeilles habituées à ce› état anormal paraissent moins faciles à contenter que celles d'une famille qui vient de perdre sa mère. La présentation d'une mère étrangère dans ce cas demande donc beaucoup de précaution. Par conséquent, l'apiculteur commençant fait bien de pratiquer une réunion plutôt que de s'exposer à perdre une bonne mère à une époque de l'année où elle a un si grand prix. D'ailleurs, la perte de la ruche n'est qu'apparente, parce que la colonie ainsi fortifiée pourra donner quelques milliers d'abeilles pour la formation d'un essaim artificiel hâtif (bien avant l'époque ordinaire). C'est pourquoi je conseillerai, surtout l'apiculteur novice, de ne pas aventurer son argent à la fin de l'hiver pour le dépenser avec autant (peut-être plus) de profit à l'époque de l'essaimage, en achetant une jeune mère féconde pour la formation d'un essaim artificiel précoce, selon le procédé indiqué plus haut.

C. De jeunes abeilles sont moins difficiles à accepter une mère étrangère que des abeilles adultes.

D. Une toute petite famille est moins hostile qu'une colonie populeuse.

E. Des abeilles expulsées de chez elles sont beaucoup plus dociles que si elles sont laissées dans leur
propre ruche. C'est le sentiment de la domesticité
qui arme le courage et la férocité de l'abeille. Hors
de son habitation (par exemple à la picorée sur les
fleurs) l'abeille est tout à fait inoffensive.

F. Une mère présentée à des abeilles sans couvain a plus de chance d'être tolérée que si la population à qui on la destine possède le moyen (de
jeune couvain d'ouvrières) de se créer elle-même
une mère supplétive.

G. On fait bien (quoique ce ne soit pas une condition *sine quâ non*) de présenter une mère étrangère
emprisonnée (protégée par un couvercle métallique),
pour ne lui donner la liberté que quelque temps
après.

H. Ayant conseillé jadis sur l'autorité d'apiculteurs de premier ordre, de garnir une ruche vide de
quelques rayons, dont un portant une mère emprisonnée, et de placer cette ruchette, ainsi prédis-
posée, à la place d'une ruche populeuse au moment
où les abeilles reviennent en masse de la picorée,
je ne saurais m'empêcher d'avertir que ce procédé,
tel qu'il est conseillé, n'est pas toujours couronné
de succès. J'ai trouvé que si les abeilles finissent
par adopter, bon gré, malgré, la nouvelle habitation,
il n'en est pas toujours de même quant à la mère
prisonnière. Étant toutes adultes, elles ont de la
peine à oublier leur propre mère pour s'attacher à

la nouvelle inconnue. Le fait est que si la prisonnière est lâchée le lendemain de l'opération, elle est le plus souvent sacrifiée. Le surlendemain on peut compter sur l'acceptation de la plupart des mères. Pour pouvoir se garantir d'un succès complet (sans exception) il faudrait prolonger la captivité des mères jusqu'au troisième ou quatrième jour. Mais alors qu'arrive-t-il ? Les pauvres prisonnières souffrent évidemment de leur réclusion prolongée : en sortant de la prison elles ont de la peine à se traîner; quelques-unes suspendent même la ponte pendant plusieurs jours. Cette suspension leur est fatale, car les abeilles, les croyant atteintes de stérilité, les sacrifient impitoyablement comme elles ont coutume de faire avec tout membre devenu inutile pour la famille. — Il n'en est plus de même, si au lieu d'une mère sans accompagnement on peut disposer d'une petite famille d'abeilles. Dans ce cas, la mère n'a pas besoin d'être renfermée : elle continue sa ponte; les abeilles revenant de la picorée sont mises dans la position de mendier l'hospitalité chez la nouvelle famille; elles sont admises. Les deux familles fraternisent, et le lendemain tout procède dans la meilleure intelligence, comme si rien n'était arrivé.

I. Il est bien d'asperger d'eau douce (miellée ou sucrée), soit les abeilles, soit la mère au moment de l'opération de délivrer cette dernière; ce qui a pour but d'en neutraliser l'odeur et de rendre les abeilles de bonne humeur. Le miel est toujours un bon conciliateur.

Notes au chapitre précédents concernant l'essaimage artificiel et la présentation d'une mère étrangère.

A. La *multiplication artificielle* PROGRESSIVE des colonies, telle qu'elle est conseillée p. 95-100, outre qu'elle permet de faire des essaims *plus hâtifs* et en *plus grand nombre* qu'avec les systèmes communs, offre aussi l'avantage de pouvoir mettre à contribution des ruches de différentes formes, car, sitôt qu'une petite famille d'abeilles (ne fût-elle que d'une livre) possède une mère féconde (ce qui est l'essentiel), on peut en compléter la population au moyen d'une ruche vulgaire quelconque, que l'on porte à quelques pas de distance, profitant d'une heure de la journée où beaucoup d'abeilles sont à la picorée. L'essaim à fortifier est mis à la place de la ruche déplacée, pour en recueillir les butineuses revenant successivement des champs, qui sont d'abord déconcertées de ne plus trouver leur habitation ; mais, après quelque hésitation, elles finissent — bon gré, mal gré — par adopter la nouvelle demeure et fraterniser avec la nouvelle famille (1).

(1) On recommande de présenter de l'eau à la ruche déplacée pendant les deux ou trois premiers jours après le déplacement. En négligeant cette précaution, la colonie

Dzierzon trouve qu'il est d'une grande utilité, pour créer des essaims artificiels, de posséder deux ruchers, dont un — distant environ de deux kilomètres — lui fournit les abeilles qui sont nécessaires pour commencer l'essaim (1), l'autre celles pour en compléter la population.

Une mère féconde — *italienne* — lui sert de base, le plus souvent, pour la création de ses essaims. Il combine par là la multiplication avec l'italianisation de ses colonies. — Dzierzon ramasse, pour former des essaims, toutes les abeilles (de n'importe quelle espèce) dont il peut disposer. Peuvent fournir des abeilles à cet effet, dit-il, un *essaim naturel* primaire ou secondaire, une *chasse* ou trevas, les *barbes* des ruches les plus populeuses, etc. Si la quantité des abeilles disponibles est forte, on peut faire plusieurs essaims, attendu que (comme nous l'avons vu) une population d'une livre au commencement suffit.

Faute d'essaims naturels, de chasses et de barbes,

court risque de souffrir faute d'abeilles butineuses pour porter de l'eau.

On ferait bien aussi — afin de prédisposer les abeilles à cette métamorphose — de masquer la ruche en la couvrant d'un drap quelconque ou de chiffons, pendant les derniers jours qui précèdent la permutation. On recouvre ensuite de ce même drap la ruche substituée.

(1) Dans ce cas une réclusion préalable (à la cave) de quelques heures seulement suffit, pour que les abeilles — dépaysées — adoptent la nouvelle ruche pour ne plus la quitter.

on peut se procurer facilement d'une autre manière
les abeilles dont on a besoin pour la formation d'un
ou de plusieurs essaims. Après avoir renversé sens
dessus dessous les paniers (1) à décimer, on super-
pose à chacun un rayon (encadré, bien entendu),
que l'on a un peu humecté au préalable de miel ou

(1) Selon les préceptes de l'intolérantisme, on ne devrait
supposer sur le rucher du progressiste que des ruches à
rayons mobiles, Mais, toujours fidèle à mes principes —
je l'ai dit et je le répète — je ne prêcherais jamais la pro-
scription du fixisme, qui a sa raison d'être, tout en encou-
rageant les amis du progrès à augmenter peu à peu le
nombre de leurs ruches à cadres, je leur conseille — surtout aux novices — de ne pas dédaigner leurs paniers
traditionnels. Avant d'adopter *exclusivement* le nouveau
système, qu'ils commencent par bien l'étudier, attendu
que la meilleure ruche peut donner de mauvais résultats,
si elle est mal comprise ou mal conduite. Avec le temps
ils sauront mieux à quoi s'en tenir. L'expérience mieux
que la théorie leur dira s'il est de leur intérêt de se défaire
définitivement de leurs anciennes ruches ou de les conserver, du moins, comme de bonnes *auxiliaires*.

Je dirai que la ruche commune — surtout celle en
paille — est toujours encore en honneur chez les Allemands, même chez Dzierzon, Berlepsch, Dathe, etc.,
qui lui reconnaissent le grand mérite de favoriser le bon
hivernage des abeilles et par conséquent le développement hâtif du couvain à la fin de l'hiver, en un mot de
préparer — de bonne heure et à peu de frais — de fortes
populations, que l'apiculteur intelligent peut exploiter plus
tard fort avantageusement avec la ruche à rayons mobiles.

d'eau sucrée. Au bout de quelques minutes le rayon superposé est complétement couvert d'abeilles. On l'enlève pour le remplacer par un autre rayon vide, et ainsi de suite. Ce qui vient d'être dit se répète sur les autres ruches, qui — en fournissant en moyenne, supposons trois ou quatre rayons chacune, selon la force de la colonie — peuvent donner, ensemble, une quantité considérable d'abeilles, que l'on porte au laboratoire pour s'en servir, comme il a été dit plus haut (1). Ce procédé, fort aisé pour l'opérateur, a l'avantage de ménager les abeilles et de ne pas trop affaiblir les ruches que l'on met à contribution.

B. L'art d'obtenir que des abeilles, devenues ou rendues orphelines, fassent bon accueil à une mère étrangère — de leur propre ou d'une autre espèce — est de la plus haute importance, par exemple dans les cas suivants.

a. Pour *réhabiliter* une colonie devenue orpheline et manquant de ressources pour se créer une nouvelle mère (2).

---

(1) Ce mélange d'abeilles de plusieurs familles, loin d'occasionner des combats entre elles, ne fait qu'en augmenter l'embarras et contribuer par conséquent à les rendre favorablement disposées pour la mère ou cellule maternelle qu'on valeur donner.

(2) Une souche qui, après avoir émis un ou plusieurs essaims, a la fatalité de perdre sa jeune mère à l'occasion de ses excursions nuptiales, est dans ce cas. Je ne conseil-

b. **Pour** remplacer une vieille mère invalide par une jeune et robuste (1).

lerais pas de lui donner du couvain d'ouvrière pour lui en faire élever une autre, c'est trop tard : la colonie se dépeuplerait excessivement et se découragerait pendant le long intervalle — de six semaines au moins — qu'il y aurait encore jusqu'à l'éclosion du premier couvain pondu par la nouvelle mère ; et encore ce calcul est basé sur la supposition que la fécondation de cette nouvelle mère supplétive s'accomplisse heureusement et sans aucun retard. Une mère — de n'importe quelle espèce — présentée à une ruche se trouvant dans une pareille condition désespérée, est bien reçue dans quatre-vingt-dix-neuf cas sur cent, même sans besoin d'emprisonnement préalable. Seulement, je le répète, la colonie ne doit pas être laissée trop longtemps dans cet état anormal pour qu'elle ne s'y habitue, ou, ce qui est encore pire, ne devienne bourdonneuse.

Ce qui vient d'être dit s'applique en général à toute ruchée venant de perdre sa mère par une cause quelconque. En rendant à la ruche devenue orpheline une mère féconde, on empêche l'apparition d'un essaim secondaire, qui, de règle, n'est pas dans l'intérêt de l'apiculteur, outre que, comme il a été dit plus haut, la ponte ne subit point d'interruption et la ruche n'a plus aucune chance à courir.

(1) Vous possédez une ruchée bien approvisionnée, assez populeuse et garnie de belles cires. Vous tenez à la conserver; mais malheureusement elle a une mère trop âgée ou autrement défectueuse. Si vous pouvez disposer d'une jeune mère vigoureuse (telle que celle d'un essaim secondaire à supprimer) rien de plus naturel que de corriger la colonie à conserver, en en remplaçant la mère invalide

c. Pour former un essaim artificiel au moyen d'une mère féconde (1).

d. Pour empêcher qu'une ruchée, destinée à donner du miel, essaime (2).

par une autre jeune et robuste. C'est le cas de la fable : « l'aveugle et le paralytique». Réunir les deux familles en question c'est les sauver ; abandonnées à leur sort, elles sont perdues.

(1) Essaimer, c'est d'une famille d'abeilles en faire deux. Or l'essaimage tant naturel qu'artificiel (selon les anciens systèmes) a le grand défaut que la souche ou l'essaim est plus ou moins longtemps sans mère à une époque de l'année où la ponte ne devrait subir aucune interruption. Or cette suspension étant d'au moins 15 à 16 sours si la ruche a essaimé *naturellement*, et de 21-22 jours dans le cas d'un *essaim forcé*, on comprend facilement la perte énorme qu'il en résulte pour l'apiculteur, attendu que la ponte d'une mère normale à l'époque de l'essaimage peut être calculée, en moyenne, de 1,000-1,500 œufs par jour. C'est pourquoi tous les apiculteurs du métier reconnaissent la grande supériorité d'un essaim moyennant une mère fé-conde. « Au printemps, dit Dzierzon, deux mères valent » un essaim, car sitôt que vous possédez une bonne mère, » vous n'avez, pour créer une nouvelle colonie, qu'à pou-» voir disposer d'un peu d'abeilles (de n'importe quelle » espèce), d'un peu de cire et — si possible — de quelques » rayons de couvain (d'ouvrières) operculé ». Je ne crois pas exagérer, si j'affirme que, moyennant ces mères fé-condes et une bonne escorte de cire avec et sans miel, on peut facilement tripler et même quadrupler le nombre de ses colonies.

(2) En substituant à une mère âgée une jeune mère fé-condée1 ans l'année.

e. Pour italianiser une famille d'abeilles communes (1).

La ruchée, dont on remplace la mère indigène par une italienne, subit au bout de quelques semaines une transformation, dont l'apiculteur novice ne peut qu'être fort émerveillé, car elle lui fournit une preuve évidente de la courte durée de la vie de l'abeille (je suppose que l'opération ait lieu au prin_temps ou en été). « L'introduction de l'abeille

(1) Pour introduire et propager l'espèce italienne dans son rucher, il suffit de se procurer une mère fécondée pur sang. Il est de l'intérêt des amateurs de l'abeille italienne de s'habituer à opérer l'italianisation de leurs colonies au moyen de *simples mères*. Outre que le prix de revient en est considérablement inférieur à celui d'un essaim (dont les frais de transport seulement absorbent déjà beaucoup d'argent sans aucun profit ni pour le vendeur ni pour l'acheteur), il est prouvé par une longue expérience que de simples mères — accompagnées d'une poignée d'abeilles — peuvent être expédiées sans difficulté, en toute saison, même à de fortes distances, tandis qu'une famille de plusieurs milliers d'abeilles est plus sujette à souffrir, surtout en été.

Les envois des mères italiennes commencent régulièrement fin mars ou commencement d'avril pour continuer sans interruption jusqu'en arrière-saison. Dans mon établissement les prix en sont fixés de 11 à 4 francs selon l'époque de l'année, avec ma garantie pour la fécondité des mères et la pureté de la race, ainsi que pour les risques du transport. Une commande de plusieurs mères (par exemple 10-20 pièces à la fois, emballées en un seul colis) jouit

» italienne, dit Kleine, nous a donné des renséi-
» gnements certains sur la mortalité énorme des
» ouvrières, surtout à l'époque de la miellée. Si
» vous donnez, vers la moitié de mai, une mère
» italienne pur sang à une ruchée indigène forte de
» 20-30,000 abeilles, vous n'y apercevrez, vers la fin
» de juin que bien peu d'abeilles grises, le reste de
» la population étant remplacé par des abeilles
» jaunes. Personne n'aurait soupçonné une pareille
» caducité de l'abeille à l'époque de son acti-
» vité (1). »

d'un escompte proportionné et les frais du transport se ré-
duisent à quelques centimes pièce. Si elles sont destinées
à plusieurs personnes, rien de plus facile au destinataire
du colis que leur distribution, chacune étant logée dans une
case particulière et séparable.

(1) « Quand on a fait accepter une mère italienne à une
» ruchée d'abeilles indigènes, celle-ci peut être regardée
» comme italianisée, de la même manière qu'un sauva-
» geon est considéré comme ennobli dès qu'il a accepté
» le bourgeon qui lui a été inséré. De même que l'arbre
» pousse dorénavant un nouveau feuillage et porte d'autres
» fruits, une ruchée italianisée produit une génération
» d'une autre couleur, et la primitive disparaît de jour en
» jour. Si l'opération a lieu en automne, à laquelle époque
» la ponte a cessé ou est fort limitée, la ruche possédera des
» abeilles noires jusque vers le mois de mai suivant : mais
» si on donne la mère au printemps, rarement il s'y trou-
» vera encore une abeille indigène deux mois après. »
(Dzierzon, *Rationnelle-Bienenzucht*, p. 186, 1861.)

*Instructions pour le destinataire à la réception soit
d'une mère, soit d'une colonie d'abeilles.*

A.

Une MÈRE (accompagnée d'une poignée d'abeilles)
devrait être déballée dans une chambre aux vitres
fermées, car il pour-
rait arriver — surtout
si elle est très-jeune
et agile — qu'elle
s'envolât pour ne plus
revenir. Dans une
chambre elle ne peut
voler que jusqu'à la
croisée, où on peut

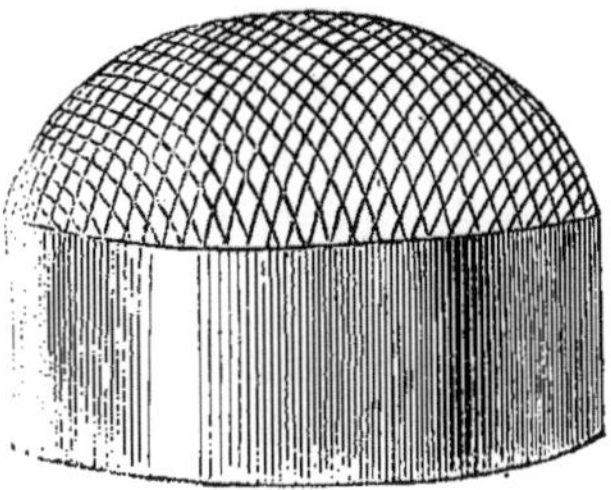

Fig. 14. Couvercle à mère.

facilement la saisir (avec beaucoup de précaution,
cela s'entend) pour la placer sous un verre ou un
couvercle métallique.

Celui dont je me sers depuis quelque temps est
fort simple. Il se compose d'un cercle de tôle haut
de 10-12 millim., et du diamètre d'une pièce de
cinq francs. Cet anneau est couvert de toile métallique étamée à dôme. Voulant emprisonner une
mère dans une ruche, on la place sur un des rayons
du centre sous le couvercle, que l'on enfonce dans
la cire (1) jusqu'au diaphragme.

(1) J'entends sur de la cire vide. Cependant il est bien
qu'une ou deux cellules du centre contiennent du miel

B.

A la réception d'une COLONIE on s'empresse de la porter à l'ombre, où le premier soin — surtout s'il fait chaud — est de lui projeter (1) à plusieurs reprises de l'eau fraîche, pure, pour désaltérer les abeilles; puis on la laisse tranquille pendant environ une heure, pour que les abeilles puissent se calmer de la surexcitation du voyage. Ensuite on procède au déballage, qui peut s'opérer à ciel ouvert.

On commence par déclouer le couvercle, sans cependant le soulever, afin que les abeilles ne puissent sortir pendant l'enlèvement des clous, ce qui dérangerait l'opérateur (2). Cela fait, on attend encore un instant pour les laisser s'apaiser.

On profite de l'intervalle pour faire d'autres préparatifs, s'ils ne sont pas déjà faits d'avance. On étend par terre une toile (ou autre chose semblable), que l'on fait passer d'un côté sous la ruche qui doit recevoir la colonie à transvaser. La nouvelle habi-

pour que la prisonnière puisse se nourrir elle-même, si les abeilles l'abandonnent.

(1) Au moyen d'une éponge ou autre objet semblable, par les fentes de la caisse.

(2) Il faudrait, à cet effet, se munir d'une bonne petite tenaille et d'une robuste lame de couteau. Il est bien aussi de placer quelque chose de lourd sur le couvercle pour l'empêcher de se soulever pendant qu'on en arrache les pointes.

tation — que je suppose garnie au préalable de 5-6 rayons (1) — est placée sur le drap, de manière à présenter la plus grande ouverture *horizontalement* vers le côté (vers la toile), où les abeilles vont être secouées, et d'où elles s'empresseront d'entrer en masse dans la nouvelle demeure. Les ruches s'ouvrant par derrière s'y prêtent à merveille. Avec les autres on fera comme on peut. Je ne conseille pas d'y secouer les abeilles directement d'en haut.

Le moment opportun venu, on enlève doucement le couvercle, dont on frappe une ou deux fois l'extrémité sur la toile, tout près de la ruche, pour faire tomber les abeilles qui y sont attachées. Attirées par l'odeur de la cire, elles ne tarderont guère à s'y acheminer. Puis on enlève, l'un après l'autre, les cadres, que l'on secoue à leur tour devant la ruche (2). Cela fait, on prend la caisse de transport, et on la frappe aussi à terre pour en faire tomber les abeilles qui sont attachées aux parois. Inutile de dire qu'il faut avoir prête de l'eau fraîche (pure, bien entendu) pour asperger de nouveau les

(1) Pas davantage pour le moment.

(2) Afin d'être dispensé de secouer les abeilles des rayons, je m'offre à emballer les essaims avec des cadres pouvant entrer dans la ruche du destinataire, ce qui rend l'opération du transvasement beaucoup plus facile et expéditive. On n'a, à cet effet, qu'à me donner la mesure précise de la planchette supérieure (porte-rayon) du cadre L'indication des autres dimensions n'est pas nécessaire.

abeilles, si elles ont l'air d'avoir encore soif, ou si elles font mine de vouloir s'envoler en masse ; ce qui n'arrive pourtant que fort rarement. Il y a toujours un certain nombre d'abeilles qui profitent de la liberté pour respirer l'air libre et se décharger des excréments, surtout si elles sont recluses depuis plusieurs jours ; mais après avoir voltigé quelques instants, elles reviennent à la caisse, bien aises de pouvoir se réunir au reste de la famille.

Quant à la mère, on n'a pas à s'en préoccuper pour le moment. On pourra en constater la présence un autre jour.

Sitôt que la colonie s'est à peu près complétement installée dans la ruche, on transporte celle-ci au rucher. C'est le soir (pas avant), afin de ne pas provoquer le pillage, qu'on nourrit la colonie, si elle manque de vivres.

Si c'est en automne que l'on est obligé d'administrer à la colonie de l'eau sucrée ou du miel liquide pour en compléter les provisions d'hiver, je recommande la précaution de ménager une petite ouverture dans le plafond de la ruche, non sans couvrir celle-ci de haillons ou de foin, etc., afin d'en laisser évaporer l'humidité excessive tout en y retenant la chaleur nécessaire.

Pour le reste, je m'en rapporte à ce qui a déjà été publié sur l'*Abeille italienne.*

APPENDICE.

A. *Sur la capacité de la ruche à rayons fixes et ses provisions.*

J'étais autrefois de l'avis qu'une capacité de 30-31 litres suffisait. Mais ces dernières années (1872, 73 et 74) sont venues me persuader de mon erreur. C'est que je pensais qu'une ruchée était suffisamment approvisionnée, quand elle avait, au début de la campagne (commencement de mars) un poids net (1) de 14 à 15 livres, tandis que l'expérience m'a prouvé que le poids (net) normal d'une ruchée, à son sortir de l'hiver, ne doit pas être au-dessous de 20-22 livres, si on ne veut pas être exposé à de fâcheuses déceptions. Le cas est rare, mais possible, de devoir secourir, en mai et même en juin, des colonies mourantes de faim, quoique ayant possédé en mars des provisions qui paraissaient suffisantes, et qui — par une saison printanière normale — auraient en effet pu suffire. Or, compter sur les secours que les abeilles recevront, en cas de besoin, de la part de l'apiculteur, ce serait commettre une imprudence ; ce serait exposer grand nombre de colonies nécessiteuses à périr ou du moins à languir. Il faut donc absolument que les ruches soient bien escortées de vivres dès l'automne, afin que l'apiculteur, surtout

(1) Par *poids net* j'entends le poids approximatif des rayons avec leur contenu de miel, pollen et couvain, donc avec exclusion des abeilles et de la ruche.

l'apiculteur fixiste, puisse — quelque temps qu'il fasse — dormir tranquillement sur ses deux oreilles.

Or pour que la ruche puisse contenir une bonne escorte de miel, tout en offrant à la mère assez de place pour la ponte printanière, il faut beaucoup d'espace. Si la ruche est petite et bien approvisionnée, il ne peut y rester assez de place pour le couvain ; ce qui n'est pas dans l'intérêt de l'apiculteur. Tout considéré, une capacité de 34 litres pour le corps de ruche n'est donc nullement au-delà du besoin.

En adoptant des ruches spacieuses, on a comparativement moins d'essaims, mais plus populeux, par conséquent moins de ruches occupées, moins d'ennuis et plus de produits.

B. *Opérations.*

Les mêmes règles que l'art enseigne pour les autres ruches peuvent — en général — être appliquées à la ruche tessinoise.

En hiver on n'a qu'à s'assurer que les colonies sont suffisamment approvisionnées, bien abritées et jouissent d'une tranquillité parfaite. — *Au printemps,* s'assurer d'abord que chaque colonie possède encore sa mère, en constater approximativement les vivres, secourir les nécessiteuses et échauffer (sinon réunir) les faibles, pour qu'elles puissent se refaire au plus tôt.

Pour *l'essaimage naturel,* on n'a qu'à suivre les formes communes. Les précautions a) de placer l'essaim, si possible, non dans une ruche vide, mais plus ou moins garnie de cire, et *b*) de le nourrir dans le cas d'un temps contraire, dès le deuxième jour de son installation dans la nouvelle demeure, etc., sont des règles d'une application générale.

L'*essaimage artificiel* (auquel je donne la préférence et qui forme ma spécialité) ayant pour base la ruche à rayons mobiles, même lorsque j'ai affaire avec des ruches à rayons fixes, je me réserve à en parler lorsqu'il sera question de la ruche à cadres.

Empêcher l'essaimage d'une ruchée destinée à donner du miel dans le triple but: *a*) de ne pas perdre d'essaims sans être obligé de les surveiller ; *b*) d'avoir des colonies populeuses, colossales même, dans l'intérêt du produit ; *c*) de posséder encore, à la fin de la campagne, une bonne ruche mère à conserver pour l'année suivante, est un point de la plus haute importance en apiculture. De tous les moyens qui sont proposés à cet effet, je trouve que le plus efficace consiste à *rajeunir la mère* de la ruche qui ne doit pas essaimer. J'enlève à celle-ci sa propre mère surannée, que je remplace par une jeune mère fécondée depuis quelques jours ou quelques semaines seulement. Faute de jeunes mères, il faut donner à la ruche rendue orpheline, au moins une cellule maternelle mûre, ne fût-ce que pour empêcher qu'elle essaime, ce qu'elle ne manquerait de faire, au bout de 14-15 jours, pour peu que la colonie soit populeuse et la saison propice. Une fois qu'une

ruchée a remplacé (naturellement ou artificiellement) sa vieille mère par une mère *féconde de
l'année*, elle perd toute propension pour l'essaimage.
Elle fera la barbe si l'habitation est peu spacieuse
et la population forte, mais elle n'essaimera plus
cette année (1).

S'il s'agit *d'exploiter une miellée très-précoce*, telle
que celle du colza, des arbres fruitiers, etc., qui fleu-
rissent à une époque de l'année où il est rare qu'une
ruchée possède déjà une forte population, il convient d'opérer des réunions, sauf à multiplier ensuite le nombre de ses colonies. C'est à quoi ma
ruche à système mixte se prête à merveille. Supposons que la ruche destinée à la production ne possède qu'une famille de kil. 2-2 1/2 seulement, et que
la ruchette — calotte mobile, dont elle est surmontée,
contienne indépendamment de celle-là une médiocre
population de kil. 1-1 1/2. Eh bien, j'enlève la mère
à la ruchette environ 18-20 jours avant la miellée,
et je la remplace par une cellule maternelle prête
à éclore. Au bout de 12-15 jours la nouvelle mère est
féconde. Alors j'enlève la mère à la ruche de dessous. Le lendemain j'opère la réunion des deux colonies. Je n'ai à cet effet qu'à déboucher la grande
ouverture qui est ménagée dans le plafond de la
ruche inférieure, boucher la petite issue de la ru-

(1) Il se peut que cette règle ne soit pas partout également
ment sûre; mais dans la Suisse italienne il me semble
qu'elle ne souffre point d'exceptions.

chette, calfeutrer, s'il le faut, et la réunion est faite (1). Les abeilles de la ruchette étant forcées, pour sortir, de descendre dans la ruchette inférieure, la mère les suit et elle s'y établit. Dorénavant la ruchette supérieure est convertie en magasin à miel de la ruche inférieure. — Voilà un moyen sûr, simple et facile *d'empêcher l'essaimage et augmenter le produit*, non sans *rajeunir la mère* de la ruche dans l'intérêt de l'année suivante.

Les *réunions d'été* — quelques semaines avant la clôture de la campagne — sont un moyen indirect d'augmenter le produit de ses ruches. Supposons un apiculteur possédant, au début de la campagne, une dizaine de ruchées qu'il dédouble en les laissant ou les faisant essaimer, pour les réduire en automne (par la suppression des plus faibles et de quelques-unes des plus grasses) au nombre primitif de dix environ, qu'il ne veut pas dépasser. C'est là le procédé commun de la routine traditionnelle. — L'apiculture moderne enseigne à sauver la vie à ces milliers d'êtres innocents et utiles en les réunissant aux populations à conserver ; mais le plus souvent le bon conseil des apiculteurs humanitaires est infructueux. On a beau dire aux étouffeurs : « Ne tuez jamais ; réu- » nissez les abeilles que vous allez sacrifier ; elles ne

(1) Il est entendu que quelques bouffées de fumée à la colonie orpheline ne peuvent que faire du bien (elles contribuent à faire fraterniser les deux familles sans combat).

» demandent qu'à être conservées pour vous enrichir. » La grande majorité des apiculteurs routiniers font la sourde oreille et ils continuent, en dépit du progrès — en Italie comme ailleurs — à recourir au soufre pour se débarrasser des colonies surnuméraires qui, dès qu'elles cessent de produire, n'ont, selon eux, plus de raison d'être.

Disons d'abord que l'opération de déloger une famille d'abeilles vivantes, pour les réunir à la ruchée voisine, est plus facile à décrire sur le papier qu'à exécuter. Dailleurs l'apiculteur routinier a de la peine à se persuader que la conservation de ces milliers de bouches — *qui*, comme il dit, *ne peuvent pas vivre d'air* — puisse être dans son intérêt.

Sous ce rapport il faut reconnaître que l'apiculteur routinier n'a pas toujours tort. Dzierzon lui-même est de cet avis. En effet, lorsqu'un printemps très-favorable, donnant lieu à une forte multiplication des colonies (qui est souvent de 100-120, quelquefois même de 150-200 pour cent), est suivi d'un été médiocre et d'un mois de septembre pluvieux (le cas n'est pas bien rare), en sorte que l'apiculteur a de la peine à trouver, en octobre, parmi un si grand nombre de colonies, dix bonnes ruchées à conserver, suffisamment approvisionnées, et que tout le reste ne contient que des abeilles (1) et de

(1) La quantité en est d'autant plus forte en automne, que la dernière période de l'année a été pluvieuse et par

la cire vide ou contenant tout au plus quelques livres de miel; que faire alors de tant d'êtres, qui pour vivre ont besoin de manger. Les réunir aux colonies à conserver c'est s'exposer à tout perdre. N'aurait-il pas été plus rationnel d'*en prévenir la création* avec double avantage : *a*) d'épargner le miel que cet amas d'insectes ont dû consommer sans aucun profit, et *b*) de mieux utiliser le temps que leur élevage (nourrissement et échauffement) a coûté à des milliers d'abeilles, qui, sans cela, auraient pris part à la récolte? C'est ce que font les apiculteurs du métier, qui ont pour règle d'*opérer leurs réunions* — pour réduire le nombre des colonies à un chiffre déterminé — *non à la fin de l'année, mais cinq semaines environ avant la clôture de la campagne* (de la saison productive), attendu que l'abeille emploie trois semaines à parcourir les premiers stades de son existence (à devenir insecte parfait) et qu'elle ne commence à butiner qu'environ deux autres semaines après. (Berlepsch et d'autres auteurs de premier ordre sont d'accord sur ce point).

Mais pour que l'opération de réunir deux familles d'abeilles soit facile et expéditive, il faut que la forme de la ruche s'y prête. Il faut qu'elle permette l'*accouplement* des deux ruches à réunir tant par *calottage* que par *culbutage*, selon les circonstances. C'est à quoi j'ai eu particulièrement égard

conséquent favorable à la procréation et à la conservation des abeilles.

dans la construction de la ruche que j'ai l'honneur de proposer (pour l'apiculture vulgaire, bien entendu).

Post-scriptum. — A ce que j'ai dit dernièrement (*l'Apiculteur* de 1874, page 39), en faveur des localités peu exposées au soleil sous le rapport de la production, il faut que j'ajoute (toujours à l'appui de l'expérience faite sur une vaste échelle) que les abeilles, du côté du soleil, ont plus de chance de traverser heureusement la saison hyémale, tandis que du côté opposé — où le soleil, pendant deux ou trois mois, disparaît tout à fait ou ne se montre que pendant une ou deux heures par jour, et par conséquent avec des rayons sans force — l'hivernage des abeilles est un peu problématique : les colonies y sont sujettes à la dyssenterie, à moins que l'hiver ne soit, comme celui que nous venons de traverser, exceptionnellement doux et sec. Mais je m'empresse d'ajouter qu'il y a moyen d'obvier à cet inconvénient. J'ai trouvé que si, après avoir ménagé dans le plafond de la ruche un trou de 4 à 10 centim. de diamètre, on la couvre de haillons, de foin, etc. (1), ce qui a pour effet de favoriser l'évaporation de l'humidité sans perte de chaleur; et si en outre (condition *sine*

---

(1) La paille est trop longue et roide ; des feuilles sèches se dispersent facilement ; la mousse tient trop chaud et elle retient l'humidité, surtout si elle est comprimée. Je trouve la fougère préférable sous tous les rapports.

qua non) les colonies jouissent d'une tranquillité parfaite (si elles ne sont pas importunées par le froid (1), la pluie, les courants d'air, ni par les souris ou les oiseaux, ni par des inspections intempestives de la part de l'apiculteur); les abeilles passent l'hiver du côté de l'ombre tout aussi bien que du côté du soleil ; et il me semble même pouvoir affirmer que la consommation des vivres y est moins forte et la ponte tout aussi précoce que chez les ruches les plus exposées au soleil. C'est là (le bon hivernage des abeilles dans les différentes localités) un point capital, qui mérite toute l'attention des apiculteurs progressistes. Je les engage à vouloir bien faire des

(1) Le lecteur sait que, si la colonie est faible en population ou mal logée (par exemple, dans une ruche trop spacieuse ou à parois trop minces), les abeilles sont obligées d'absorber beaucoup de nourriture pour entretenir le degré de chaleur qui leur est nécessaire. De là le besoin de fréquentes sorties pour se vider. Or, si la localité est tempérée et exposée au soleil, le mal se réduit à une plus forte consommation de vivres ; mais si les abeilles — à cause du froid ou de l'ombre, n'importe — sont condamnées à une réclusion un peu prolongée, la dyssenterie est inévitable.

J'ai, à ce propos, une importante observation à faire : c'est que, en général, les colonies logées en ruches de paille — à égales conditions, du reste — passent mieux l'hiver (avec moins de diminution de population et de vivres) que celles logées dans des ruches en bois. Je connais, à deux lieues d'ici, un apiculteur qui possède plus de cent ruches dans une localité, très-mellifère en été, mais manquant

expériences comparatives à ce propos et à publier,
dans l'intérêt de l'art, les résultats obtenus.

La théorie que j'ai établie (1) à propos de la
dégénérescence des abeilles, et cela par suite d'un
accouplement croisé de la part des parents, a
donné lieu à des observations judicieuses de la part
de M. Cayatte, qui assure avoir trouvé (*Apiculteur*,
n° 8, août 1873), que dans ce cas, *toute la progéniture sans exception* porte les caractères distinctifs
des deux races. Ne connaissant l'abeille noire que de
nom, je n'hésite pas à déclarer mon incompétence
sur ce point. Plusieurs fois j'aurais voulu introduire
quelques colonies d'abeilles transalpines pour les
faire servir à des expériences comparatives. Mais,
en ma qualité de fournisseur d'abeilles italiennes,
j'ai été obligé de renoncer à mon projet, de peur de
nuire à la pureté de la race des abeilles de pays. Ce
que j'ai avancé sur le point en question n'est donc
nullement le résultat de mes observations person-

de soleil depuis la moitié de novembre jusqu'à la fin de
janvier. Eh bien ! si ce monsieur veut sauver ses colonies,
il est obligé de les transporter en automne de l'autre côté
de la vallée (du côté du soleil), à l'exception de celles logées en ruches de paille, pour qui la privation du soleil
pendant 2 ou 3 mois est indifférente. La raison est claire :
la paille tient chaud et elle laisse évaporer l'humidité.
Nous reviendrons à son temps sur ce point capital.
(1) Juillet 1873.

nelles, mais uniquement l'écho de ce que l'on lit dans les ouvrages de Dzierzon et d'autres apiculteurs allemands des plus accrédités. Loin de vouloir, par là, infirmer les observations de M. Cayatte, je n'ai qu'à le remercier, au nom de la science, de son zèle pour la vérité, non sans le prier de vouloir bien réitérer ses observations sur le point en question et de nous tenir au courant du résultat de ses observations ultérieures. — Même prière à tous les apiculteurs, en général, qui ont déjà introduit ou vont introduire l'abeille italienne.

PRIX COURANT DES ABEILLES ITALIENNES

Mères fécondées

Accompagnées d'une poignée d'abeilles

En mars et du

1er au 15 avril	fr. 11 —	16-31 juillet	fr. 7 —
16-30 avril	» 10 —	1-15 août	» 6 50
1-15 mai	» 9 50	16-31 août	» 6 —
16-31 mai	» 9 —	1-10 septembre	» 5 50
1-15 juin	» 8 50	11-30 septembre	» 5 —
16-30 juin	» 8 —	21-30 septembre	» 4 50
1-15 juillet	» 7 50	Octobre	» 4 —

Colonies

	d'une livre	de deux livres	de trois livres
	Mère fécondée avec environ 5 000 abeilles	Mère fécondée avec env. 10 000 abeilles	Mère fécondée avec env. 15 000 abeilles
En mars et du			
1-15 avril	fr. 20 —	fr. 26	fr. —
16-30 avril	» 19 —	» 25	—
1-15 mai	» 18 —	» 24	—
20 sept. jusqu'à fin oct.	» 9 —	» 11	» 13

Une colonie est expédiée, de règle, dans une simple caisse en bois mince, ne servant que pour le transport. Une commande de dix mères ou colonies à la fois jouit du 5 0/0 d'escompte. Une commande de vingt mères jouit de 10 0/0, etc. — Dans les prix sus-indiqués sont compris l'emballage et ies frais.

(mise en boîte, etc.).—Les frais du transport sont à la charge du destinataire. Je garantis la pureté et la fécondité des mères partant de mon établissement. — Je réponds pour les risques du transport. Paiement par remboursement. — La poste délivre des mandats pour la Suisse. On peut aussi adresser un billet de banque dans une lettre chargée. Indiquer si l'on désire avec les mères un ou plusieurs couvercles métalliques (à dix centimes pièce) pour les présenter aux abeilles indigènes. — Indiquer bien exactement l'adresse (bureau de poste, ainsi que la gare d'arrivée) et *affranchir*. L'affranchissement d'une lettre (qui ne dépasse pas 15 grammes), pour la Suisse, coûte 30 centimes, et une carte postale 15 centimes.

S'adresser à M. A. MONA, à Bellinzona, canton Tessin (Suisse italienne).

Rectifications essentielles à faire.

Page 7, ligne 18, lire : *des* faux-bourdons.

Page 10, ligne 10, lire : *pureté* au lieu de sûreté.

Page 19, dernier mot du renvoi, lire : Ziwansky.

Page 20, ligne 24, lire : *pouvaient* au lieu de pourront.

Page 25, ligne 6, lire : *incultes* au lieu d'inutiles.

Page 37, dernière ligne du renvoi, lire : *le* leur contester.

Page 38, ligne 1, lire : ne *peut* pour peuvent.

Page 38, ligne 2, lire : s'approprier.

Page 43, ligne 14, lire : *d-e* pour d-c.

— ligne 15, lire : *b*, Issue...

— ligne 16, lire : *c*, Issue...

Page 61, ligne 2, lire : *vu* au lieu de compris.

Page 65, ligne 8, lire : *au bas*, au lieu de au centre.

— ligne 10, lire : fig. 7, au lieu de 6.

— ligne 11, lire : 70 centimètres au lieu de 40.

Page 67, ligne 16, lire : *répéter*, au lieu de dire.

Page 69, ligne 1-2, lire : *au bas*, au lieu de au centre.

Page 70, ligne 5, lire : 18-20 millimètres.

— ligne 16, lire : 37 1/2-38.

Page 74, ligne 13, lire : 2-3 centimètres.

Page 75, ligne 1, lire : 32 centimètres.

Page 78, ligne 13, lire : *vide* au lieu de vive.

— ligne 23, lire : de l'*essaim* au lieu de la mère.

Page 83, ligne 15, lire : *et* au lieu de ou.

Page 84, ligne 19, lire : *peut être* sans trait d'union.

Page 87, ligne 21, lire : *abeilles*.

Page 88, ligne 6, lire : expériences.

Page 94, ligne 4, lire : *attendu* pour retenu.

Page 94, ligne 31, lire : *les* permettent.

Page 105, ligne 3, lire : *précédent* sans s.

Page 110, dernière ligne du 2ᵉ renvoi, lire : *dans* l'année.

Page 128, prix-courant, lire (septembre) : 4.50 au lieu de 1.50.

Il s'est glissé plusieurs fautes de ponctuation qui ne peuvent arrêter le lecteur.

TABLE DES MATIÈRES.

Paris. — Imprimerie de E. Donnaud, rue Cassette, 9.

L'APICULTEUR

JOURNAL
DES CULTIVATEURS ET AMATEURS D'ABEILLES
SOUS LA DIRECTION
DE M. H. HAMET

PROFESSEUR D'APICULTURE AU JARDIN DU LUXEMBOURG

6 fr. par an. Bureau, rue Monge, 59, à Paris.

Chaque branche de l'industrie, du commerce et des arts, a aujourd'hui son journal spécial, qui fait ressortir l'importance des intérêts qu'il représente, signale les besoins, indique les débouchés, aide aux développements de la production, en divulguant les bonnes méthodes et les découvertes nouvelles. C'est, du moins, le but que s'est proposé le Journal des cultivateurs d'abeilles, fondé en 1856, et qui compte actuellement un grand nombre d'abonnés parmi les meilleurs praticiens du Gâtinais, de la Champagne, de la Normandie, du Narbonnais et d'autres contrées favorables aux abeilles.

Depuis sa fondation, l'*Apiculteur* s'est appliqué à décrire avec clarté et précision les procédés rationnels de soigner les abeilles et de façonner leurs produits, à faire connaître les inventions et améliorations nouvelles; et à signaler les systèmes défectueux. Il est ainsi devenu un recueil indispensable à tous les possesseurs d'abeilles jaloux de suivre le progrès.

Le Journal paraît régulièrement du 1er au 5 de chaque mois, en cahier de 32 pages in-8° avec figures intercalées dans le texte, et couverture de couleur. Il contient : 1° une chronique dans laquelle sont consignés les faits les plus nouveaux ; 2° la manière d'opérer des apiculteurs de chaque province ; 3° une appréciation de chaque système de ruches avec la méthode de les conduire ; 4° la manière de faire les essaims artificiels, les transvasements, l'asphyxie momentanée, le mariage des colonies, d'obtenir de beau miel et de belle cire, etc. ; 5° le calendrier des travaux et des soins de chaque mois ; 6° le compte rendu des séances mensuelles de la *Société centrale d'Apiculture;* 7° une revue du cours des produits des abeilles, miel et cire, tant sur les places de Paris, du Havre, de Marseille, etc , que dans les autres localités de consommation et de production.

Prix de l'abonnement : 6 fr. par an.

L'année commence en janvier. Le moyen le plus simple de s'abonner consiste à adresser un mandat de poste à l'ordre de M. Hamet, directeur, rue Monge, 59, à Paris.

Les abonnés peuvent se procurer les années parues (1 vol. de 400 p. broché par année). Prix de chaque année br. 3 fr. 50 pour les abonnés. Le volume de chacune des quatre premières années, 6 fr.

COURS PRATIQUE D'APICULTURE

Professé au jardin du Luxembourg

Par M. H. HAMET

— 4ᵉ édition. —

L'ouvrage est divisé en 16 leçons et forme un volume in-18 jésus de près de 400 pages, avec 140 figures intercalées dans le texte, représentant les différents systèmes de ruches et les appareils apicoles le plus en usage. Composé en caractères compactes, ce livre renferme la matière d'un fort volume in-8°. C'est le *Traité* le plus pratique et le plus complet qui ait été publié sur les abeilles. Prix : 3 fr. 50.

Les trois premières éditions du *Cours d'Apiculture,* ouvrage encouragé par le Ministre de l'agriculture, se sont placées à près de 10,000 exemplaires.

OUVRAGES D'APICULTURE A CONSULTER

Asphyxie momentanée des Abeilles et moyens de la pratiquer. Brochure in-18 jésus avec fig., par H. Hamet. Prix : 50 c.

Calendrier apicole. Almanach des cultivateurs d'abeilles contenant les différents travaux de l'année, par MM. Hamet et Collin. Prix : 50 c.

Cet ouvrage est recommandé pour la propagande.

Cours pratique d'Apiculture, professé au Jardin du Luxembourg. L'ouvrage est divisé en 16 leçons et forme 1 vol. in-18 jésus de près de 400 pages avec 140 fig. intercalées dans le texte et 2 planches représentant les différents systèmes de ruches et les appareils apicoles le plus en usage. Composé en caractères compacts, ce livre renferme la matière d'un fort vol. in-8. Prix : 3 50

Le Guide du propriétaire d'Abeilles, par l'abbé Collin, chanoine à Nancy. 4ᵉ édition. Prix : 2 fr. 50

Mémoire et dissertations sur l'Apiculture, par M. Beau. Prix : 4 fr.

Nouvelles observations sur les Abeilles (Genève, 1814). 2 forts vol. in-8 avec planches, par F. Huber. Prix 10 fr. et franco. 12 fr.

La Ruche de l'École et du Presbytère, traité avec supplément sur les abeilles, de 134 pages in-8°, autog., 32 fig., par M. Cayalte, intituleur à Billy-les-Maugiennes, par Spincourt (Meuse). Prix : 2 fr. 25

Histoire de mon Rucher, par le même. Prix : 25 cent.

Les Ruches de tous les systèmes, ou Examen et description des ruches anciennes et modernes, par L.-A. Ruzairies, avec des notes par M. H. Hamet. 1 vol. in-8 de 74 pages avec 51 fig. dans le texte. Prix : 1 fr.

La Ruche, méthode nouvelle essentiellement pratique destinée aux habitants de la campagne, par M. A. Vignole. Prix : 2 fr. 50

Tableau d'Apiculture, contenant les différents systèmes de ruches. Grande feuille par H. Hamet. Prix. 2 fr.

Les trois secrets de l'Apiculteur ou Culture intensive de l'abeille, brochure in-18 jésus par L. Monin. Prix : 1 fr. 75

Traité élémentaire d'Apiculture, ou Art de soigner les abeilles (mouches à miel). 1 vol. in-18 avec fig., 2ᵉ édit. du *Petit traité d'Apiculture* (sous presse), par H. Hamet. Prix : 1 fr.

L'administration de l'*Apiculteur* envoie ces ouvrages *franco* par la poste sans augmentation de prix. Elle fournit également tous les livres sur les Abeilles annoncés dans le catalogue des libraires. — Adresser un mandat de poste.

INSTRUMENTS APICOLES PERFECTIONNÉS

L'administration de l'*Apiculteur*, journal des cultivateurs d'abeilles, fait confectionner et fournit les modèles de ruches et d'appareils dont la liste suit :

Ruche Lombard-Radouan, belle façon, de 4 fr. 75 à.	5 »
Ruche à calotte normande (corps et chapiteau). . . .	3 50
— corps seul.	2 25
— Le cent, prises en gare, à Caen.	250 »
— — Corps de ruche seul, à Caen, de 150 fr. à.	200 »
Ruche à cabochon, façon des Vosges.	4 50
Corps de ruche seul.	2 75
Cabochon (chapiteau).	1 25
Ruche à hausses en paille (2 hausses et chapiteau). .	5 75
— à 3 hausses, *dito* sans chapiteau.	6 »
— à 3 hausses avec chap. ou à 4 hausses sans chap.	7 »
Ruche à hausses en bois, 3 hausses, façon soignée. .	18 »
— à 4 hausses, de 18 fr. à.	20 »
Ruche d'observation, système HAMET, de 45 fr. à. .	50 »
Cératome, couteau recourbé à extraire les rayons. . .	3 50
— *dito* en langue de chat.	3 50
Couteau à lame pliante.	3 50
Stapule-couteau.	1 50
Camail ordinaire (masque) non garni, de 1 fr. 50 à. . .	2 »
— garni, de 3 fr. à.	4 50
Camail avec oreillettes, non garni.	3 »
— garni.	4 75
Camail avec oreillettes et rebord, non garni.	3 »
— garni.	5 50
Canevas à presser la cire, selon force et larg. de 3 fr. à	7 »
— à couler le miel et à transp. les abeilles, de 2 fr. à	3 »
Gants en peau tannée.	2 50
Enfumoir en tôle.	3 50
Moule pour couler la cire en briques.	2 75

Mellificateur, presse, vis en fer pour presse, épurateur, colonies d'abeilles ordinaires et italiennes, ouvrages sur l'apiculture, etc.

NOTA. — Ces objets sont expédiés contre un mandat de poste ou contre remboursement. L'emballage, lorsqu'il y en a, est à la charge du destinataire. Indiquer la voie d'expédition.

PARIS. — IMPRIMERIE HORTICOLE DE E. DONNAUD, RUE CASSETTE, 9.

Cours pratique d'Apiculture, professé au Jardin du Luxembourg. L'ouvrage est divisé en 16 leçons et forme 4 vol. in-18 jésus de près de 400 pages avec 141 fig. intercalées dans le texte et 2 planches représentant les différents systèmes de ruches et les appareils apicoles le plus en usage. Composé en caractères compactes, ce livre renferme la matière d'un fort vol. in-8. Prix 3 50

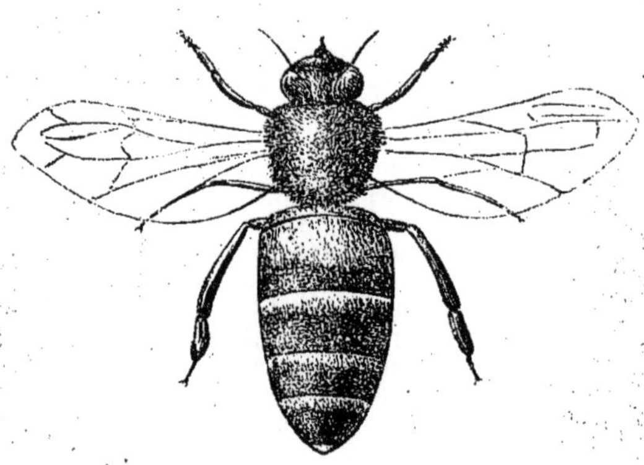

Asphyxie momentanée des Abeilles et moyens de la pratiquer. Brochure in-18 jésus avec fig., par H. Hamet. Prix. . 50 c.

Calendrier apicole. Almanach des cultivateurs d'abeilles contenant les différents travaux de l'année, par MM. Hamet et Collin. Prix. 50 c.
Cet ouvrage est recommandé pour la propagande.

La Ruche, méthode nouvelle essentiellement pratique destinée aux habitants de la campagne, par M. A. Vignole. Prix :
2 fr. 50

PARIS. — IMPRIMERIE DE E. DONNAUD, RUE CASSETTE, 9.